Adobe创意大学运维管理中心　推荐教材

"十二五"职业技能设计师岗位技能实训教材

Adobe
Premiere
CS6 影视后期 设计与制作
案例技能实训教程

铁　钟　吴　雷　魏　崀　编著

U0288100

北京希望电子出版社
Beijing Hope Electronic Press
www.bhp.com.cn

内容简介

本书主要介绍 Premiere Pro CS6 的基本功能和影视制作的基本理论，以实例贯穿全文，文字与图示相对应，在介绍知识点的同时穿插了具有代表性和说明性的典型实例。

本书共分 9 个模块，内容包括视频剪辑基础知识、Premiere Pro CS6 软件概述、素材管理、基本素材剪辑、视频/音频特效、转场效果、音频和字幕的制作、关键帧和动画的设置、影片的输出以及制作短片综合案例等，并穿插介绍了一些影视制作的基础知识以及作者在实践中总结的经验和技巧。每个模块都配有案例，最后通过职业技能考核来培养读者的实际动手操作能力。

本书适合作为各大院校和培训学校相关专业的教材。因其实例内容具有行业代表性，是影视后期设计与制作方面不可多得的参考资料，也可供相关从业人员参考。

本书光盘内容包括与教材内容相对应的大部分教学视频、原始素材和最终效果文件，以及与本书内容同步的电子课件、习题答案等，在北京希望电子出版社微信公众号、微博上提供，读者可通过扫描封底二维码获得。

需要本书或技术支持的读者，请与北京市海淀区中关村大街22号中科大厦A座10层（邮编：100190）发行部联系，电话：010-82620818（总机），传真：010-62543892，E-mail：bhpjc@bhp.com.cn。

图书在版编目（ＣＩＰ）数据

Adobe Premiere CS6 影视后期设计与制作案例技能实训教程 / 铁钟，吴雷，魏嵬编著. -- 北京 ：北京希望电子出版社，2014.1

ISBN 978-7-83002-162-7

Ⅰ. ①A… Ⅱ. ①铁… ②吴… ③魏… Ⅲ. ①视频编辑软件－教材 Ⅳ. ①TN94

中国版本图书馆 CIP 数据核字(2013)第 295814 号

出版：北京希望电子出版社

地址：北京市海淀区中关村大街 22 号

　　　中科大厦 A 座 10 层

邮编：100190

网址：www.bhp.com.cn

电话：010-82620818（总机）转发行部

　　　010-82626237（邮购）

传真：010-62543892

经销：各地新华书店

封面：深度文化

编辑：李小楠

校对：全　卫

开本：787mm×1092mm　1/16

印张：12.5

字数：296 千字

印刷：北京昌联印刷有限公司

版次：2020 年 1 月 1 版 4 次印刷

定价：42.00 元

丛 书 序

《国家"十二五"时期文化改革发展规划纲要》提出，到 2015 年中国文化改革发展的主要目标之一是"现代文化产业体系和文化市场体系基本建立，文化产业增加值占国民经济比重显著提升，文化产业推动经济发展方式转变的作用明显增强，逐步成长为国民经济支柱性产业"。文化创意人才队伍则是决定文化产业发展的关键要素，而目前北京、上海等地的创意产业从业人员占总就业人口的比例远远不及纽约、伦敦、东京等文化创意产业繁荣城市，人才不足矛盾愈发突出，严重制约了我国文化事业的持续发展。

教育机构是人才培养的主阵地，为文化创意产业的发展注入了动力和新鲜血液。同时，文化创意产业的人才培养也离不开先进技术的支撑。Adobe®公司的技术和产品是文化创意产业众多领域中重要和关键的生产工具，为文化创意产业的快速发展提供了强大的技术支持，带来了全新的理念和解决方案。使用 Adobe 产品，人们可尽情施展创作才华，创作出各种具有丰富视觉效果的作品。其无与伦比的图形图像功能，备受网页和图形设计人员、专业出版人员、商务人员和设计爱好者的喜爱。他们希望能够得到专业培训，更好地传递和表达自己的思想和创意。

Adobe®创意大学计划正是连接教育和行业的桥梁，承担着将 Adobe 最新技术和应用经验向教育机构传导的重要使命。Adobe®创意大学计划通过先进的考试平台和客观的评测标准，为广大的合作院校、机构和学生提供快捷、稳定、公正、科学的认证服务，帮助培养和储备更多的优秀创意人才。

北京中科希望软件股份有限公司是 Adobe®公司授权的 Adobe®创意大学运维管理中心，全面负责 Adobe®创意大学计划及 Adobe®认证考试平台的运营及管理。Adobe®创意大学技能实训系列教材是 Adobe 创意大学运维管理中心的推荐教材，它侧重于综合职业能力与职业素养的培养，涵盖了 Adobe 认证体系下各软件产品认证专家的全部考核点。为尽可能适应以提升学习者的动手能力，该套书采用了"模块化+案例化"的教学模式和"盘+书"的产品方式，即：从零起点学习 Adobe 软件基本操作，并通过实际商业案例的串讲和实际演练来快速提升学习者的设计水平，这将大大激发学习者的兴趣，提高学习积极性，引导学习者自主完成学习。

我们期待这套教材的出版，能够更好地服务于技能人才培养、服务于就业工作大局，为中国文化创意产业的振兴和发展做出贡献。

北京中科希望软件股份有限公司董事长　周明陶

前　言

　　Adobe 公司作为全球最大的软件公司之一，自创建以来，从参与发起桌面出版革命，到提供主流创意工具，以其革命性的产品和技术，不断变革和改善着人们思想及交流的方式。今天，无论是在报刊，杂志、广告中看到的，还是从电影，电视及其他数字设备中体验到的，几乎所有的作品制作背后均打着 Adobe 软件的烙印。

　　为了满足新形势下的教育需求，我们组织了由 Adobe 技术专家、资深教师、一线设计师以及出版社策划人员的共同努力下完成了新模式教材的开发工作。本教材模块化写作，通过案例实训的讲解，让学生掌握就业岗位工作技能，提升学生的动手能力，以提高学生的就业全能竞争力。

　　本书分九个模块：

模块 01　视频剪辑制作基础

模块 02　亚太旅游文化宣传片

模块 03　运动鞋动画

模块 04　尼泊尔宣传片

模块 05　阿米尼广告片

模块 06　魅力上海宣传片

模块 07　小企鹅动画

模块 08　昆虫生态展宣传片

模块 09　纯美新西兰宣传片

　　本书是上海市地方高校"十二五"内涵建设项目 B-8932-13-0118。该书特色鲜明，侧重于综合职业能力与职业素养的培养，融"教、学、做"为一体，适合应用型本科、职业院校、培训机构作为教材使用。为了教学方便，还为用书教师提供与书中同步的教学资源包（课件、素材、视频）。

　　本书由铁钟、吴雷、魏嵬、王德成编写。由于编者水平有限，本书疏漏或不妥之处在所难免，敬请广大读者批评、指正。

编者

2013 年 10 月

Contents 目录

模块 01 视频剪辑制作基础

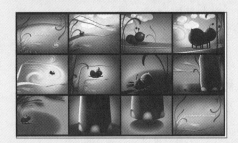

模块 02 亚太旅游文化宣传片

模块 03 运动鞋动画

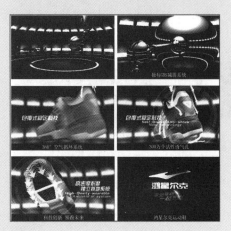

模块 04 尼泊尔宣传片

模块 05 阿米尼广告片

模块 06 魅力上海宣传片

模块 07 小企鹅动画

模块 **08** 昆虫生态展宣传片

模块 **09** 纯美新西兰宣传片

模块 01 视频剪辑制作基础

能力掌握：

掌握Adobe Premiere Pro CS6相关基本概念以及制作影视片的基本流程

重点掌握：

1. 熟悉行业规范的视频格式要求
2. 掌握PAL制式以及高清电视等的相关概念
3. 了解和掌握拍摄前期脚本的制作流程

软件知识点：

掌握Adobe Premiere Pro CS6的基本工作原理

Pr 知识储备

　　Adobe Premiere Pro CS6是一款非常优秀而且功能强大的视频影像编辑软件，被广泛地应用于影视节目、广告、网络视频、动画设计等诸多领域。Adobe Premiere Pro CS6主要对视频进行剪辑处理工作，是一款非常专业的视频剪辑软件，其中内置了上百种特效，可以为用户提供最方便的操作体验。

知识点1　电视播出的制式

1. 电视制式介绍

　　世界上使用的电视广播制式主要有PAL、NTSC、SECAM三种，中国大部分地区使用的是PAL制式，日本、韩国、东南亚地区与欧美国家使用的是NTSC制式，俄罗斯则使用SECAM制式。在中国国内市场上买到的正式进口的DV产品都是PAL制式。

2. 逐行扫描与隔行扫描

　　PAL制式是隔行扫描，NTSC制式为逐行扫描。

　　逐行扫描电视比隔行扫描电视的诞生时间早很多，世界上最早进行电视播放的时候都是采用逐行扫描的电视制式，因为当时电视的清晰度非常低，并且只能播放黑白图像节目，节目内容也不丰富，大部分是文字广告和音乐等。后来人们想把电影节目也搬到电视节目之中，此时才强烈感到电视机的清晰度不够。为此，电视台想出了一个解决办法，只需在312根扫描线的后面加上半根扫描线，而电视机什么也不用动，图像的清晰度就大大提高了。为什么？这就是隔行扫描电视机的工作原理。因为隔行扫描的每场扫描线数是312.5线，两场合起来为一帧，即一帧为625线。

隔行扫描电视的原理是从电影的工作原理中学来的，电影进行图像播放时每秒只播放24张图片，即24帧，但为什么人们都感觉不到图像的闪烁呢？原来电影在放映的时候每个镜头都要重复多放一次，即每秒48次。对比一下，这不是很像隔行扫描电视吗？隔行扫描电视的原理如图1-1所示。

奇场（upper field）

偶场（lower field）

图1-1

普通电视都是采用隔行扫描方式。隔行扫描方式是将一帧电视画面分成奇数场和偶数场两次扫描。第一次扫出由1、3、5、7等所有奇数行组成的奇数场，第二次扫出由2、4、6、8等所有偶数行组成的偶数场。在Adobe PremierePro CS6中，分别被称为"顶部场"（Upper Field）和"底部场"（Lower Field），关系为偶数场（Even field）对应顶部场（Upper Field），奇数场（Odd Field）对应底部场（Lower Field）。这样，每一幅图像经过两场扫描，所有的像素便全部扫完。

那么为什么电影的帧速率是24，而电视的帧速率是25，就因为差这么一帧，使得每次要在电视上播放电影时，都要进行格式的转换（多插一帧，即对某帧进行重播），而不把它们统一为25或24呢？电影不愿转换成25帧的原因是，人们对每秒24帧已很满意，换成25帧会增加成本；电视不愿转换成24帧的原因是电网交流电的频率为50Hz，如果换成其他场频，当受到如荧光灯之类的灯光调制的时候会出现差拍。由于双方面都不愿意妥协，无法达成协议，最后只能和平共处。因此，在看电视电影的时候，总能看到多插的那一帧在闪烁。

逐行扫描独有的非线性信号处理技术将普通隔行扫描的电视信号转换成480行扫描格式，帧频由普通模拟电视的25fps提高到60～75fps，实现了精确的运动检测和运动补偿，从而克服了传统扫描方式的缺陷。可以做个比较，在1/50秒的时间内，隔行扫描方式先扫奇数行，在紧跟着的1/50秒内再扫描偶数行，然而逐行扫描则是在1/50秒内完成整幅图像的扫描。经逐行扫描出来的画面清晰无闪烁，动态失真较小。如果与逐行扫描电视、数字高清晰度电视配合使用，则完全可以获得胜似电影的美妙画质。

3. 高清电视工作制式

HD电视，英文全称为"High-Definition Television"，即高分辨率（高清）电视，是一种分解力和画面宽高比都比现行电视制式大得多的新型高质量电视系统。在大屏幕上显示的高清电视的彩色图像显得格外细腻鲜艳，具有更强的真实感。

1968年日本率先进行高清电视的研究，其主要参数为：每帧图像1125行，每秒60场，隔行率为2：1，画面宽高比为5.3：3。有的国家则建议采用每秒50场或宽高比为5.33：3。国际上正在拟订高清电视的演播室标准。高清电视技术不仅可被用于电视广播，还可被广泛用于各种需要优质彩色大画面的领域，并为电影及图片的摄制提供了电子制作的可能。

由于扫描参数的不同，现行制式的电视接收机不能收看制式完全不同的高清电视的彩色图像。为此，有些国家采取渐进政策，即在不改变现行电视制式的前提下，改进和提高现行电视的彩色图像质量。这类具有过渡性质的电视被统称为"改良电视"，虽然它的产生和高清电视有着相似的目的，但是采用的手段却迥然不同。改良电视有多种方案，例如，西欧各国为提高现行三大彩色电视制式的性能，在直播卫星电视系统中采用多工组合模拟分量制（简称MAC制），即亮度信号分量和色度信号分量按时间分割方式多工组合为基域信号，这就是改良电视的一种形式。

知识点2 Adobe Premiere Pro CS6的界面

Adobe Premiere Pro CS6提供了强大且实用的工具，为编辑人员提供了便利而实用的剪辑任务。Adobe Premiere Pro CS6的工作界面和面板是该软件的重要组成部分，所有的动画制作都要通过这些功能来辅助完成，Adobe Premiere Pro CS6为编辑人员营造了更加合理的界面组合方式。

Adobe Premiere Pro CS6的界面如图1-2所示。

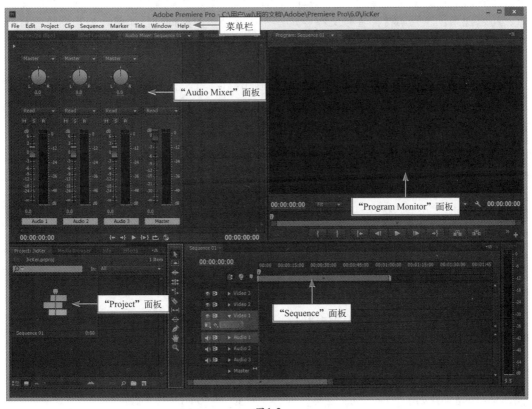

图1-2

- 菜单栏：位于工作界面的最顶端，由9组菜单组成。
- "Project"（项目）面板：是Adobe Premiere Pro CS6的起始面板，用于存放、导入或创建素材文件并进行存储管理。
- "Program Monitor"（节目监视器）面板：是对素材或编辑后的合成效果进行预览的观察窗口，能够通过选择预览模式对素材进行多种模式的观察。
- "Sequence"（序列）面板：是Adobe Premiere Pro CS6最为重要的面板，可以对素材进行剪辑合成以及添加特效。
- "Effect Controls"（效果控制）面板：内置了大量特效，使用户能够更为方便地得到所需要的效果，以丰富场景画面。
- "Audio Mixer"（音轨混合器）面板：可以混合不同的音轨，是一个非常专业、完善的音频混合工具，利用它可以混合多个音轨，并且可以对音量调节和音频声道进行处理等，是影片音乐处理的必备窗口。

知识点3 Adobe Premiere Pro CS6的工作流程

Adobe Premiere Pro CS6的工作流程一般可简单分为五大步骤。

1. 总体规划和准备

在制作影片节目前，首先要明确自己的创作意图和表达主题，应该准备一个分镜头稿本。在确立了自己的创作意图和要表达的主题之后，还要准备各种相关素材（包括静态图像、动态视频、序列素材、音频文件等），并且要对相关素材进行调整，将其调整到符合Adobe Premiere Pro CS6所支持的格式。

2. 创建项目并导入素材

当前期的准备工作完成之后，接下来就是制作影片。首先要创建新项目并根据需要设置符合影片的参数，如NTSC制式的默认标准尺寸是720×480像素，PAL制式的默认标准尺寸是720×576像素，然后制定音频的采样频率等参数设置，创建一个新的项目。

新项目创建后，根据需要建立不同的文件夹，然后根据文件夹的属性导入不同的素材，再对素材进行前期编辑。

3. 影片的特效制作

创建项目并导入素材之后，根据分镜头稿本将素材添加到时间线并进行剪辑，添加一些相关的特效处理，然后添加字幕效果和音频文件，完善整个影片的制作。

4. 保存和预演

将影片的源文件保存起来，其默认格式是PPJ格式，然后保存Adobe Premiere Pro CS6当时的窗口状态。

接下来是对之前保存的文件进行预演，注意检查影片的各种实际效果是否达到设计的目的，避免在输出影片的时候出现错误。

5. 输出影片

预演只是查看效果，并不是最终的文件，要制作出最终的影片效果，还需要将影片输出为一个可以单独播放的最终作品，或者转录到录像带、DV机上。

Adobe Premiere Pro CS6可以生产的影片格式有很多种，如GIF、TAG、TIF、BMP等静态素材格式的文件，或Animated GIF、AVI、Quicktime等视频格式文件，以及Windows Waveform等音频格式文件。最常用的格式是AVI，它可以在许多多媒体软件中播放。

知识点4　分镜头脚本

从事影视制作行业的人士对分镜头脚本再熟悉不过了，因为分镜头脚本是创作影片必不可少的前期准备。

日常所看到的电影或是电视都是一个镜头接着一个镜头组接起来，从而构成一部完整的作品，分镜头脚本就是在拍摄镜头之前所要做的必要准备，如图1-3和图1-4所示。它是拍摄者进行拍摄的蓝图，在拍摄前期将一组一组的分镜脚本准备好，等到拍摄时拍摄者直接按照分镜头剧本的模式进行拍摄。

拍摄流程为：拍摄前期的准备阶段→文学剧本的选定和改编→绘制分镜头脚本→按照剧本要求搭建场景→进行拍摄制作。

1. 光的种类

（1）自然光

● 晴天的自然光：晨曦日出、正午骄阳、黄昏日落、星月之光等。

● 多云天气的自然光：早中晚的阴雨绵绵、雾气蒙蒙等。

● 反射的自然光：瀑布、湖面、镜子反射的自然光等。

（2）人为光源

火柴、打火机、霓虹灯、路灯、台灯、烛光等。

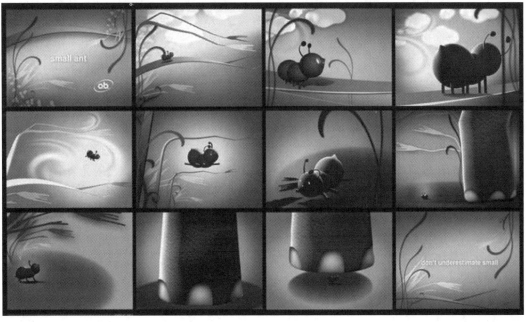

图1-3

图1-4

2. 光线的性质与被摄对象的明暗效果

在拍摄的照明技术中，根据光线是否具有方向，将其分为硬光和软光。

所谓硬光，是指强烈的直射光。在硬光的照明下，被摄对象上有受光面、背光面和影子，这是构成被摄对象立体形态的有效效果。硬光照明的受光面和背光面之间的亮度间距比较大，也就是景物的反等比较大，可以造成明暗对比强烈的造型效果，适合表现粗糙的表面质感，这样的造型效果使被摄对象形成清晰的轮廓形态。

软光（漫射光）照明由于光质柔和，没有明显的受光面、背光面和影子，反差较小，影调平柔。一般说来，软光照明的面积比较大，光线比较均匀，被照明的景物亮度比较接近，表现出来的影调层次比较丰富。由于软光照明缺乏明暗反差，影像平淡，所以对被摄对象的立体感、质感的表达也较弱，对被摄对象形态的表现，要依靠被摄对象的色彩及自身的明暗差异和对比来完成。

直射光使被摄对象具有鲜明的明暗关系，也是一种反差较高的明暗关系。在直射光为被摄对象勾勒出清晰结构和轮廓的同时，也为被摄对象勾勒出了界限分明的投影。光源离被摄对象越近，被摄对象的明暗反差就越强烈，投影也越实。反之，光源离被摄对象越远，被摄对象被照射的范围就越大，则光线所产生的阴影边缘也会显得越柔和。漫射光会削弱被摄对象的高反差，呈现细腻、高级灰调的明暗关系。一些环境色光等会漫射到镜头里，无处不在的漫射光会引导拍摄者推敲出细腻丰富的影像层次。

3. 被摄对象的受光角度

不同的拍摄效果对光的要求也有所不同。

（1）顺光

被摄对象的鼻底、下颚等纵向范围有少量的阴影。

（2）侧顺光

被摄对象仅一侧有阴影，用途很广泛。

（3）侧光

效果俗称"阴阳脸"，一种刻画被摄对象特殊状态的戏剧性光线。

（4）侧逆光

侧顺光的反向，被摄对象一侧有大片阴影，用途很广泛。

（5）逆光

被摄对象仅有轮廓亮面，是一种神秘梦幻的戏剧性光线。

（6）顶光

光线自头顶垂直照下，表现被摄对象颓废、木讷、彷徨等失常状态。

（7）脚光

光线自脚下垂直向上照射，表现被摄对象残暴、恐怖、诡异的状态。

在分镜头的设计中，并非仅仅考虑一个角度的光源（除非是戏剧性的需要）。通常考虑的是，镜头中一个有主光地位的直射光与若干有辅助光地位的漫射光之间的强弱关系，以此来设计影像的空间层次和突出要表达的影像主体。

4. 光影的功能

（1）塑造空间层次

尤其在写实的影片中，光影配合透视关系可以丰富空间层次，实为锦上添花之举。

（2）突出影像主体

设计镜头内的影像视点在光影之中或之外，是光影服务构图的实际体现。

（3）戏剧性表现功能

- 渲染场景气氛：残阳如血的壮阔；月影婆娑的神秘；烛光忽明忽暗的清冷；湖面上的河灯点点；路灯下纳凉的人群；拥堵的高速路上车反光镜反射出的光斑；寺院的转经筒在阳光下映射出圣洁的光辉。
- 表现角色情绪：在影片《天堂电影院》中，圣诞夜苦苦在爱莲娜窗下等待爱情的多多，终于看到爱莲娜漆黑的窗户亮起了灯，多多情绪激动起来。一会儿灯又灭了，窗户也被关上，多多失望地走向巷子深处，这时新年的礼花绽放，光影零星地映在多多的身上，反衬出多多的失望和沮丧。
- 刻画角色性格：在影片《现代启示录》中，用光大师斯托拉罗用明亮、单纯的光塑造了基戈尔中校视战争为游戏的简单性格；而在威拉德上尉的脸上设计了百叶窗和吊扇的投影，刻画出其内心善恶的冲突和勤于思考的个性；对库尔兹上校则使用了半明半暗的光影，表现出其渴望从痛苦中解脱的心态。
- 贯穿全剧体现主题：在高田勋的《再见萤火虫》中萤火虫的光芒。
- 充当重要的情节点：在宫崎骏的《千与千寻》中，千寻误闯异度空间，时间迅速变成夜晚，千寻的身体呈现透明的光影，从此展开剧情。

一、单选题

1. 下列不属于Adobe Premiere Pro CS6操作界面中的面板是（   ）。
    A. "Project"（项目）面板
    B. "Sequence"（序列）面板
    C. "Audio Mixer"（音轨混合器）面板
    D. "Tracker"（跟踪）面板

2. 关于Adobe Premiere Pro CS6软件的默认工作界面布局，下列描述错误的是（   ）。
    A. 工具箱包含了常用的在"Sequence"面板中进行编辑的工具
    B. "Info"（信息）面板显示选中元素的基本信息，对于编辑工作有很好的参考作用
    C. "Program Monitor"（节目监视器）面板是剪辑节目的制作场所，可以使用各种编辑工具在时间线上对素材进行编辑操作
    D. "Project"（项目）面板是素材文件的管理器

二、填空题

1. 我国的电视制式是_____制，每秒有_____帧，画面大小为_____，其画面比例为_____，像素比为_____。

2. 逐行扫描独有非线性信号处理技术，将普通隔行扫描的电视信号转换成_____行扫描格式。

3. NTSC制式的标准默认尺寸为_____像素，PAL制式的标准默认尺寸是_____像素。

三、简答题

简述影视制作工作的基本流程，简述Adobe Premiere Pro CS6工作流程各个环节中面板间的相互关系。

模块 02 亚太旅游文化宣传片

任务参考效果图：

能力掌握：

如何确定剪辑思路并根据剪辑思路有效管理
剪辑素材

软件知识点：

1. 对Adobe Premiere Pro CS6软件的整体认识
2. 熟练创建项目文件与素材导入
3. 使用素材管理箱有效归类管理素材

重点掌握：

1. 素材的导入
2. 素材的选择

Pr 模拟制作任务

任务1 亚洲旅游文化宣传片的剪辑制作

🖥 任务背景

本任务根据亚洲旅游文化联合会的整体宣传定位——"东方生态特色鲜明、人文景观出众、都市建设现代化"这一要求制作旅游宣传片。

🖥 任务要求

整理亚洲旅游文化宣传片的剪辑制作思路，为剪辑做好准备。亚洲旅游文化宣传片的总体思路为"东方的生态特色+鲜明的东方人文景观+现代的工业文明城市气息"。需要注意以下三点：整部宣传片的核心、支撑点要明确；注意表现亚洲生态文明，不要让观众看不出是亚洲的自然景观；把握好整部宣传片的节奏，从自然景观转到人文景观，最后过渡到工业文明的表现。

> 播出平台：多媒体、地方电视台及展会
> 制式：PAL制式

🖥 任务分析

1. 宣传片剪辑制作中遇到的问题

亚洲幅员辽阔，自然资源丰富，众多国家在这片土地上耕耘着各自的文明，且各文明之间相互交融、和谐发展，衍生出博大精深的文化，拥有数不胜数的标志性风景名胜。当前亚洲的发展极其迅速，在这里既能感受到亚洲传统的农业文明，也可以体验到具有现代气息的工业文明。正是因为可以作为代表的事物太多，在内容的选择上缺少哪个方面都无法表现出一个完整的亚洲，所以需要一个合适的思路来介绍亚洲。

2. 宣传片剪辑制作中解决问题的思路

根据亚洲旅游文化联合会的要求，整理出以下剪辑制作思路。

（1）关于亚洲的传统文化

亚洲文化源远流长，自古以来就以海纳百川的胸怀不断吸收融合各地域的文化精华，形成自己独有的文化体系。在这个体系下，各国家的文化既有其各自的鲜明特色，又具有许多相似之处。这里需要重点表现的是亚洲文化内在的开放、种族之间的和谐、以家庭为本的人文精神。

（2）关于亚洲的生态景观

亚洲绝大部分位于东半球和北半球，地跨寒、温、热三带，其基本气候特征是大陆性气候强烈，季风性气候典型，气候类型复杂。亚洲自然景观丰富，独具特色。需要挑选有特点的景观来宣传，才能彰显亚洲的自然魅力。

（3）关于亚洲的当代发展

当前亚洲正处于高速发展时期，短短几十年间整个亚洲有了翻天覆地的巨大变化。现代化的高楼大厦栉次鳞比，基础设施日益完善，亚洲经济对世界经济的发展有着重要的推动作用。这里需要着重表现亚洲的现代化文明，以及亚洲当前的发展速度。

希望通过这部宣传片使更多人认识到亚洲的多姿多彩。

3. 宣传片的内容安排

根据解决问题的思路，宣传片剪辑制作的大致思路框架整理如下。

（1）亚洲自然景观

亚洲幅员辽阔，自然景观出众，具有鲜明的特色。

（2）亚洲人文景观

亚洲农业文明十分发达，亚洲的人文精神与生活习性都是很有地域特色的。

（3）亚洲当代发展

亚洲发展离不开文化传承与技术创新，树立全球眼光，务实发展。

本任务掌握要点

首先确定剪辑制作的思路，然后在Adobe Premiere Pro CS6中新建项目文件，导入素材，创建素材管理箱，对素材进行整合管理。

技术要点：素材的导入和利用素材管理箱整理素材
问题解决：素材的整理归纳能够有效提高后期剪辑的效率
应用领域：影视后期
素材来源：光盘:\素材文件\模块02\素材
作品展示：光盘:\素材文件\模块02\参考效果\亚洲旅游文化宣传片.f4v
操作视频：光盘:\操作视频\模块02

任务详解

STEP 01 启动 Adobe Premiere Pro CS6，弹出如图2-1所示的欢迎界面，创建并设置项目文件。

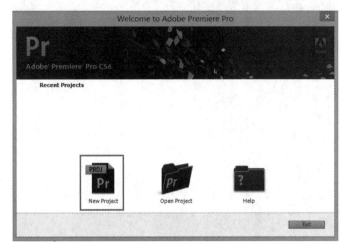

图2-1

STEP 02 单击"New Project"（新建项目）按钮，弹出"New Project"对话框。在
"General"（常规）选项卡的"Name"（名称）文本框中输入"亚洲旅游文化宣传片"；
在"Location"（位置）文本框中显示了新项目文件的存储路径，单击"Browse"按钮可改
变新项目文件的存储路径，然后单击"OK"按钮，如图2-2所示。

图2-2

STEP 03 弹出"New Sequence"（新建序列）对话框，在"Sequence Presets"选项卡中选择
"DV-PAL"文件夹中的"Widescreen 48kHz"选项，在下面的"Sequence Name"（序列名
称）文本框中确认序列名称，然后单击"OK"按钮，如图2-3所示。

图2-3

STEP 04 进入Adobe Premiere Pro CS6的编辑界面，如图2-4所示。

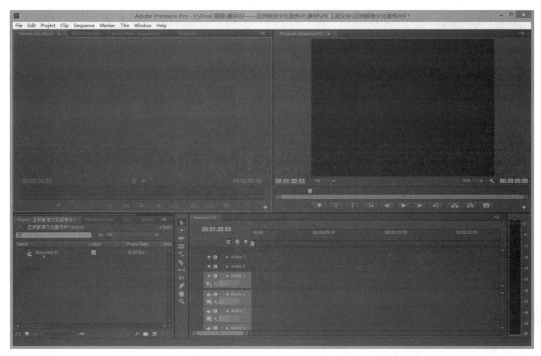

图2-4

STEP 05 在 "Project" 面板中会存在一个名为 "Sequence 01" 的空白序列片段素材。在 Adobe Premiere Pro CS6中，各种不同的素材经过剪辑制作后，即可生成一个相对独立的完整作品，一个作品就是一个序列。Adobe Premiere Pro CS6允许一个项目文件中出现一个或者多个序列，在项目文件中可以自由地删除、新增序列，并且序列可以作为普通素材被另一个序列引用或者编辑。但是，要在Adobe Premiere Pro CS6中剪辑制作一个相对独立的完整作品，新建一个项目文件后，至少需要在这个项目文件中存在一个序列，才能对素材进行剪辑制作。

提 示

也可以调入序列帧文件，Adobe Premiere Pro CS6允许不同制式的序列文件存在，而在 Adobe Premiere Pro CS6中创建的序列是无法对其制式进行修改的。

STEP 06 创建好项目文件后，需要将整理的素材导入到 "Project" 面板中。执行 "File" → "Import" 命令，弹出 "Import" 对话框，如图2-5所示。

STEP 07 在 "Import" 对话框中，在本任务的素材文件夹中，按住Ctrl键，选择所有亚洲旅游文化宣传片素材，单击 "打开" 按钮就可以将选择的所有素材导入到 "Project" 面板中，如图2-6所示。

STEP 08 导入亚洲旅游文化宣传片素材后，利用素材管理箱有效管理素材，执行 "File" → "New" → "Bin" （素材管理箱）命令，创建素材管理箱，如图2-7所示。

图2-5

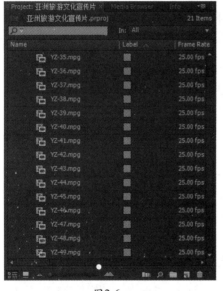

图2-6

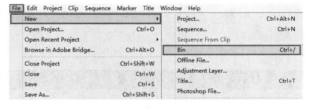

图2-7

提 示

　　初学者需要养成良好的文件命名习惯，文件较少时随意命名也可以记住素材的位置，但是在实际工作中素材库会变得异常复杂，良好的命名和整理习惯可以使工作事半功倍，"Bin"（素材管理箱）有助于整理文件的归属位置。

STEP 09 用鼠标右键单击新建立的素材管理箱图标 ▇，在弹出的快捷菜单中执行"Rename"命令，重命名素材管理箱，如图2-8所示。

STEP 10 根据之前亚洲旅游文化宣传片剪辑制作的思路框架，建立三个同级素材管理箱，分别为"亚洲自然景观"、"亚洲人文景观"、"亚洲当代发展"，如图2-9所示。

图2-8

图2-9

STEP 11 根据素材内容把所有素材按照思路框架放进这三个素材管理箱中。按住Ctrl键，选中同一类素材，如图2-10所示。用鼠标右键单击选中其中一个素材，弹出快捷菜单，执行"Cut"命令，如图2-11所示。

图2-10

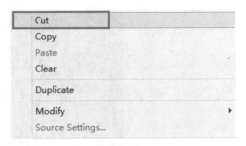

图2-11

<img alt="提示图标" />

提示

　　需要注意的是，在实际工作中素材可以被反复使用，这里只是调取素材所在位置的信息，最终输出时会反复调取素材进行渲染。

STEP⑫ 执行"Cut"命令后，之前选中的素材将暂时在"Project"面板中消失，然后根据素材管理箱的归类，单击"亚洲人文景观"图标 ，选中"亚洲人文景观"素材管理箱，如图 2-12所示。用鼠标右键单击"亚洲人文景观"图标 ，弹出快捷菜单，执行"Paste"命令，如图2-13所示。

图2-12

图2-13

STEP⑬ 把归类的素材放进相应的素材管理箱，然后单击"亚洲人文景观"左边的三角形图标进行观察，发现素材已经归类，如图2-14所示。

图2-14

STEP **14** 整理所有素材后，效果如图2-15所示。

亚洲旅游文化宣传片		25.00 fps
▶ 亚洲人文景观		
▶ 亚洲当代发展		
▶ 亚洲自然景观		

图2-15

STEP **15** 执行"File"→"Save"命令，或按Ctrl+S组合键保存项目文件，如图2-16所示。

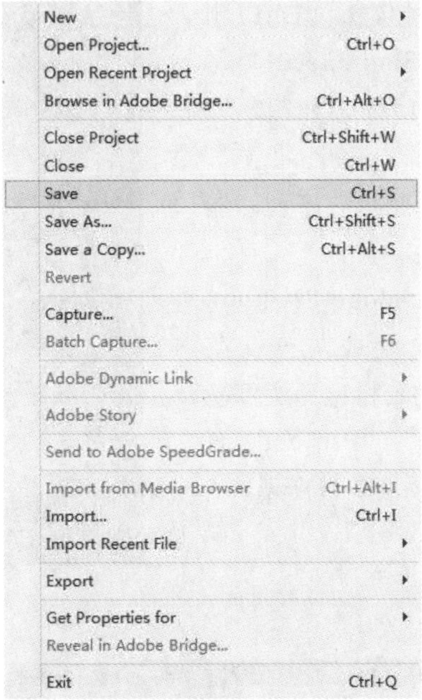

New	▶
Open Project...	Ctrl+O
Open Recent Project	▶
Browse in Adobe Bridge...	Ctrl+Alt+O
Close Project	Ctrl+Shift+W
Close	Ctrl+W
Save	Ctrl+S
Save As...	Ctrl+Shift+S
Save a Copy...	Ctrl+Alt+S
Revert	
Capture...	F5
Batch Capture...	F6
Adobe Dynamic Link	▶
Adobe Story	▶
Send to Adobe SpeedGrade...	
Import from Media Browser	Ctrl+Alt+I
Import...	Ctrl+I
Import Recent File	▶
Export	▶
Get Properties for	▶
Reveal in Adobe Bridge...	
Exit	Ctrl+Q

图2-16

提 示

导入文件时，可以在"Import"对话框中单击"Import Folder"（文件夹导入）按钮，这样整个文件夹中的文件都被导入到项目中了。

STEP **16** 到此，Adobe Premiere Pro CS6剪辑制作的前期准备工作已经完成，可以进行后续的剪辑工作了。

01
02
03
04
05
06
07
08
09

知识点1　删除新序列

新建一个项目文件后，可以在"Project"面板中选择不需要的素材，然后单击"Project"面板下方的删除按钮 🗑，就可以删除这段素材了。例如，选择"Sequence01"，然后按删除按钮 🗑 删除这个序列，如图2-17所示。

在进行操作时，选择需要删除的序列，然后按Delete键也可进行删除操作。

删除"Sequence01"后，Adobe Premiere Pro CS6的一些重要面板会变成灰色，在"Project"面板中导入需要的素材也无法再进行编辑。在建立的项目文件中，"Project"面板中应至少有一个序列存在，如图2-18所示。

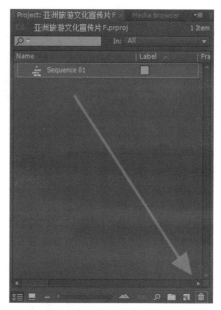

图2-17

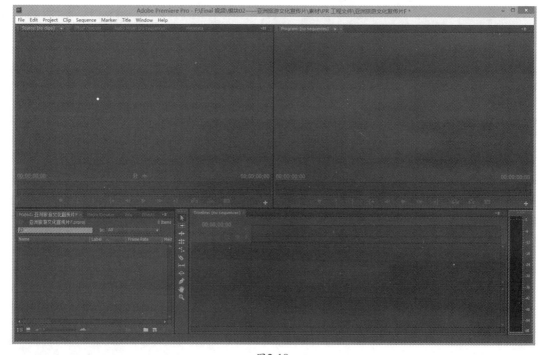

图2-18

知识点2　建立新的序列

在Adobe Premiere Pro CS6中有很多方法都可以建立新的序列。

第一种方法：可以直接在"Project"面板的下方单击新建按钮，在弹出的菜单中执行"Sequence"命令，新建一个序列，如图2-19所示。

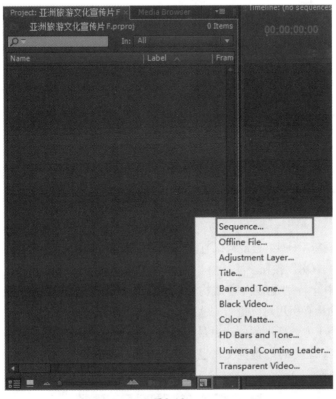

图2-19

第二种方法：执行"File"→"New"→"Sequence"命令，如图2-20所示，弹出"New Sequence"对话框，在对话框中对数值进行修改，单击"OK"按钮。

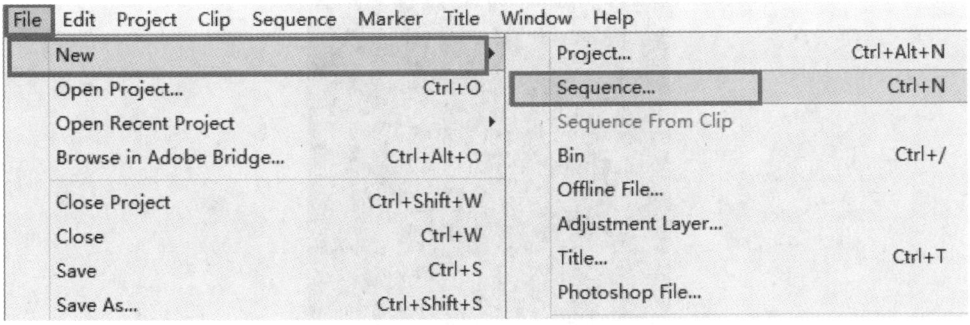

图2-20

第三种方法：在"Project"面板的空白处用鼠标右键单击，执行"New Item"→"Sequence"命令，如图2-21所示，弹出"New Sequence"对话框，在对话框中对数值进行修改，单击"OK"按钮。

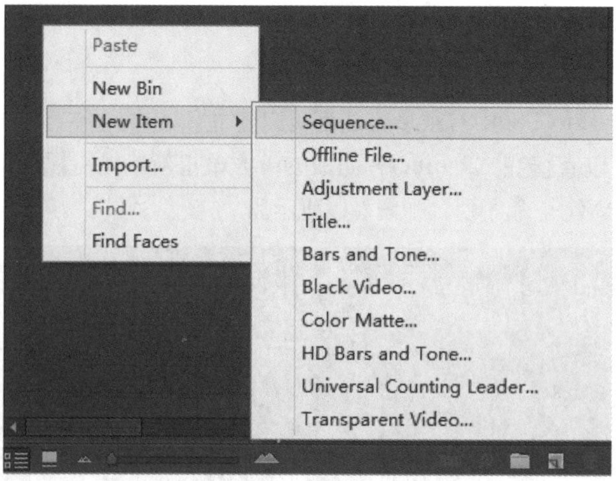

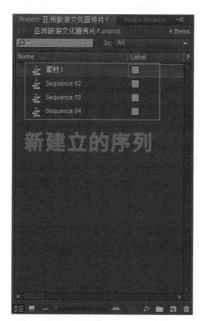

图2-21

  提 示

导入序列帧文件时需要注意序列的帧速率，在Adobe Premiere Pro CS6中默认的帧速率是29.97fps。如果建立的是PAL制式的序列文件，则帧速率是25fps。

第四种方法：按Ctrl+N组合键可以直接弹出"New Sequence"对话框，在对话框中对数值进行修改，单击"OK"按钮。

在实际工作中，特别是在内容结构性较强的影视作品剪辑的制作中（如系列片的剪辑），利用序列的相互引用可以进行二次甚至三次剪辑，这是非常行之有效的方法。可以建立多个序列，但为了方便后期的修改，最好对每一个序列进行命名。双击序列的名称，就可对序列进行重命名，名字可以是英文，也可以是中文，如图2-22所示。按Enter键可以直接修改下一个序列的名称。

图2-22

Adobe Premiere Pro CS6中对已创建的序列无法进行根本格式的修改。在实际制作过程中，序列往往被用于分段或是分集的剪辑记录。例如，一个连续剧的剪辑制作项目，往往以集为单位利用序列产生一个个相对独立的作品。一般来说，建立的序列设置以最终要输出的要求为准，在序列相互引用剪辑的过程中，以统一为主。

知识点3　导入素材的方法

在Adobe Premiere Pro CS6中，有很多种导入素材的方法，灵活加以运用能够提高工作效率。

第一种方法：执行"File"→"Import"命令，如图2-23所示，在弹出的"Import"对话框中找到自己想要的素材文件位置，选择文件，单击"打开"按钮，完成导入。

第二种方法：在"Project"面板的空白处用鼠标右键单击，在弹出的菜单中执行"Import"命令，如图2-24所示，在弹出的"Import"对话框中找到自己想要的素材文件位置，选择文件，单击"打开"按钮，完成导入。

图2-23　　　　　　　　　　　　　　　　　图2-24

第三种方法：直接在"Project"面板的空白处用鼠标左键双击，弹出"Import"对话框。在弹出的"Import"对话框中找到自己想要的素材文件位置，选择文件，单击"打开"按钮完成导入。

第四种方法：按Ctrl+I组合键，弹出"Import"对话框，在弹出的"Import"对话框中找到自己想要的素材文件位置，选择文件，单击"打开"按钮完成导入。

在Adobe Premiere Pro CS6中导入图像序列后,默认识别为29.97fps,需要根据图像序列的实际帧率进行手动调整。

Adobe Premiere Pro CS6最大支持10240×8912像素的图像帧尺寸。MOV格式的文件需要在系统中安装QuickTime才可以支持播放。实际导入素材时,直接单击"Import"对话框中的"Import Folder"(导入文件夹)按钮,可以直接将选择的文件夹内的全部素材进行整体导入。需要注意的是,导入文件夹操作不能智能识别到序列帧,所以如果素材是序列帧,使用导入文件夹操作后,Adobe Premiere Pro CS6会将素材自动识别为静止图像。

知识点4 Adobe Premiere Pro CS6支持导入的文件格式

Adobe Premiere Pro CS6支持导入多种格式的音频、视频和静态图像文件,可以将同一文件夹下的静态图像文件按照文件名的数字顺序以图像序列的方式导入,每一幅图像都是一帧。此外,它还支持一些视频文件格式。

- 视频格式:3GP, 3G2/Arri raw/ASF Netshow, Windows only/AVI DV-AVI, Microsoft AVI type 1 and type 2/DV Raw DV stream, QuickTime format/FLV, F4V/ GIF Animated GIF/M1V MPEG-1 Video file/M2T Sony HDV/M2TS Blu-ray BDAV MPEG-2 Transport Stream, AVCHD/M4V MPEG-4 Video File/MOV QuickTime 7 for import of non-native QuickTime files; in Windows, requires QuickTime player format/MP4 QuickTime Movie, XDCAM EX/MPEG, MPE, MPG MPEG-1, MPEG-2/ MPEG, M2V DVD-compliant MPEG-2/MTS AVCHD/MXF Media eXchange Format; P2 Movie: Panasonic Op-Atom variant of MXF, with video in DV, DVCPRO, DVCPRO 50, DVCPRO HD, AVCIntra; XDCAM HD Movie, Sony XDCAM HD 50 (4:2:2), Avid MXF Movie), and native Canon XF/R3D RED camera/SFW/VOB/ WMV Windows Media, Windows only
- 音频格式:AAC/AC3 Including 5.1 surround/AIFF, AIF DV-AVI, Microsoft AVI type 1 and type 2/ASND Adobe Sound Document/AVI Video for Windows/BWF Broadcast WAVE format/M4A MPEG-4 Audio/mp3 mp3 Audio/MPEG, MPG MPEG MovieMOV Requires QuickTime player/MXF Media eXchange Format; P2 Movie: Panasonic Op-Atom variant of MXF, with video in DV, DVCPRO, DVCPRO 50, DVCPRO HD, AVCIntra; XDCAM HD Movie, Sony XDCAM HD 50 (4:2:2), Avid MXF Movie/WMA Windows Media Audio, Windows only/WAV Windows Waveform
- 图像和图像序列格式:AI, EPS/BMP, DIB, RLE Including 5.1 surround/DPX/ EPS/GIF/ICO Windows only/JPEG(JPE,JPG,JFIF)/PICT/PNG/PSD/PSQ/PTL,PRTL (Adobe Premiere title)/TGA, ICB, VDA, VST/TIF
- 视频项目格式:AAF (Advanced Authoring Format)/AEP, AEPX (After Effects project)/CSV, PBL, TXT, TAB Batch lists/EDL CMX3600 EDLs/OMF/PLB (Adobe

Premiere 6.x bin) Windows only/PRPROJ (Premiere Pro project)/PSQ (Adobe
Premiere 6.x storyboard) Windows only/XML (FCP XML)

提 示

　　Adobe Premiere Pro CS6还支持直接导入各种专业或非专业视频存储格式。Adobe Premiere Pro
CS6最大支持10240×8912像素的图像和帧尺寸。一些格式的支持需要安装QuickTime才可以。

知识点5　素材管理箱的运用

　　在影片项目需要用到大量素材的情况下，可以对不同类型的素材进行分门别类的管理，
甚至可以采用二级、三级以及更多的素材管理箱级别来整理归纳素材。

提 示

　　Adobe Premiere Pro CS6中的"Bin"相当于Windows中的"文件夹"的概念，而且也拥有文
件夹的操作特性，如新建、重命名和删除等。

1. 新建素材管理箱

　　在创建一个新的项目文件后，可以在"Project"面板的底部单击创建素材管理箱按钮 ，
，在"Project"面板中会出现一个新的素材管理箱，新素材管理箱的名称默认为"Bin 01"，
如图2-25所示。

2. 建立二级素材管理箱

　　单击选择建立的"Bin 01"，再次单击"Project"面板底部的创建素材管理箱按钮 ，即可
创建一个二级素材管理箱"Bin 02"，如图2-26所示。也就是说，选择上一级素材管理箱即可在
下面建立次级素材管理箱。

图2-25

图2-26

3. 建立同级别素材管理箱

按照选择上一级素材管理箱可以在下面建立次级素材管理箱的思路，如果需要建立同一级别的素材管理箱，首先选中同级素材管理箱的上一级素材管理箱，然后单击"Project"面板底部的创建素材管理箱按钮，即可创建出同级别的素材箱。如图2-27所示，要建立与"Bin 02"同一级别的素材管理箱，应先选择"Bin 02"素材管理箱的上一级素材管理箱"Bin 01"，然后再单击"Project"面板底部的创建素材管理箱按钮，即可出现一个与"Bin 02"同级的素材管理箱"Bin 03"。

双击素材管理箱的名称，可以对素材管理箱的名称进行修改，然后直接按Enter键即可完成素材管理箱的重命名，如图2-28所示。

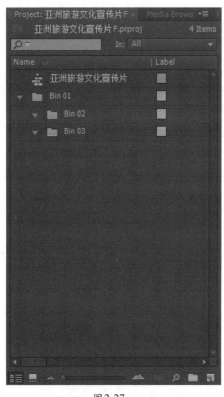
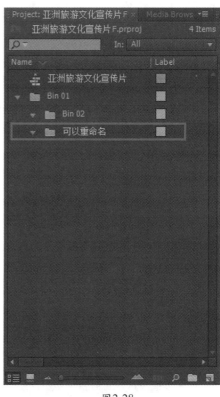

图2-27   图2-28

在利用Adobe Premiere Pro CS6剪辑制作影视作品时，如果大量的素材文件在"Project"面板中同级排列，管理起来并不是一件容易的事情，杂乱无章的排列在制作中往往会扰乱剪辑制作的思路。Adobe Premiere Pro CS6提供了素材管理箱的功能，使用素材管理箱，可以将"Project"面板中的素材按类型或剪辑要求有组织地区分开来，在剪辑大型影视作品时是非常有效的。

Pr 独立实践任务

任务2 制作家乡城市的形象宣传片

📺 任务背景

　　大学新生李小华想以宣传片的形式向同学们展示自己的家乡，希望自己家乡能够被周围的同学喜欢，这里首先需要做好剪辑前的整理工作。

📺 任务要求

　　在制作宣传片之前整理好宣传片的剪辑思路。

　　根据宣传片的剪辑思路收集相关素材。

　　在Adobe Premiere Pro CS6中新建家乡形象宣传片的项目文件。

　　将相关素材导入Adobe Premiere Pro CS6中，按照剪辑思路合理放置素材的位置，并且创建素材管理箱归纳整理相关素材。

　　制式：PAL制式

📺 本任务掌握要点

技术要点：在Adobe Premiere Pro CS6中新建项目文件、整理素材并保存项目文件

问题解决：需要明确剪辑思路，清晰的制作思路能够事半功倍，合理规范Adobe Premiere Pro CS6的素材管理

应用领域：影视后期

素材来源：无

作品展示：无

📺 任务分析

_____

_____

_____

_____

_____

_____

_____

💻 主要操作步骤

一、单选题

1. 弹出"New Sequence"对话框的默认组合键是（　　）。

　A. Ctrl+I

　B. Ctrl+N

　C. Ctrl+S

　D. Ctrl+O

2. 如果需要建立同一级别的素材管理箱，首先需要选择同级素材管理箱的（　　），然后用鼠标左键单击素材管理箱图标即可。

　A. 上一级素材管理箱

　B. 下一级素材管理箱

　C. 上两级素材管理箱

　D. 下两级素材管理箱

二、多选题

1. Adobe Premiere Pro CS6支持导入的视频文件格式包括（　　）。

　A. Microsoft AVI

　B. PSD

　C. DV AVI

　D. MOV

2. Adobe Premiere Pro CS6导入素材的方式包括（　　）。

　A. 在"Project"面板的空白处用鼠标右键单击，在弹出的菜单中执行"Import"命令。

　B. 执行"File"→"Import"命令，弹出"Import"对话框。

　C. 在"Project"面板的空白处用鼠标右键双击，弹出"Import"对话框。

　D. 按Ctrl+I组合键，弹出"Import"对话框。

3. Adobe Premiere Pro CS6支持的图像和图像序列格式包括（　　）。

　A. EPS

　B. PSD

　C. AAF

　D. TGA

三、填空题

1. Adobe Premiere Pro CS6最大支持_____像素的图像和帧尺寸。

2. 按_____组合键可以弹出"Import"对话框，选择所需素材，单击"打开"按钮进行素材导入。

3. 在Adobe Premiere Pro CS6中导入图像序列后，默认为_____fps。

学习心得

01

02

03

04

05

06

07

08

09

模 块
03 运动鞋动画

任务参考效果图：

独有GDS减震系统

包覆式稳定科技

360°空气循环系统

包覆式稳定科技
Self-Doubt Anti-shock
New Technology

300万个活性透气孔

高密度耐磨
独立抓地系统
High-Desity-wearable
Antiskid of system

科技创新 领跑未来

鸿星尔克

鸿星尔克运动鞋

能力掌握：

根据实际项目需要对影片作品进行字幕创建

重点掌握：

1. 了解字幕的作用
2. 了解字幕安全区域与动作安全区域

软件知识点：

1. 掌握处理字幕时涉及的选择
2. 掌握处理字幕风格的方法
3. 掌握"Title Designer"（字幕设计）窗口的相
   关特性和功能

Pr 模拟制作任务

任务1 创建运动鞋动画的字幕

💻 任务背景

鸿星尔克集团创立于2000年6月，总部位于国际花园城市——厦门，经过多年励精图治，目前已发展成为集研发、生产、销售为一体，员工逾一万人的大型服饰集团。

本任务要求将鸿星尔克跑鞋广告对跑鞋配置的解释以字幕方式显示出来，帮助消费者理解跑鞋的性能，并更好地展现跑鞋的特色。

💻 任务要求

提供跑鞋广告，创建字幕。

播出平台：中央电视台及地方电视台
制式：PAL制式

💻 任务分析

在制作字幕的过程中，需要将字幕放置在屏幕的合适位置，了解字幕安全框与动作安全框的概念。注意文字与视频的匹配，控制好画面节奏与文字之间的关系。

💻 本任务掌握要点

根据"鸿星尔克运动鞋动画广告"的语音，在合适的位置匹配合适的字幕。

技术要点：字幕安全框的设置
解决问题：利用快捷键，剪辑更快捷
应用领域：创建字幕
素材来源：光盘:\素材文件\模块03\素材\素材文件\运动鞋.mpg
作品展示：光盘:\素材文件\模块03\参考效果\运动鞋.mpg
操作视频：光盘:\操作视频\模块03

🖥 任务详解

08

创建并设置项目文件

STEP 01 启动Adobe Premiere Pro CS6，弹出如图3-1所示的欢迎界面。

STEP 02 单击"New Project"按钮，弹出"New Project"对话框。在"General"选项卡的
"Name"文本框中输入"YunDongXie"进行命名；在"Location"文本框中显示了新项目文件的存储位置，单击"Browse"按钮即可自定义选择存储的位置，单击"OK"按钮，完成设

置，如图3-2所示。

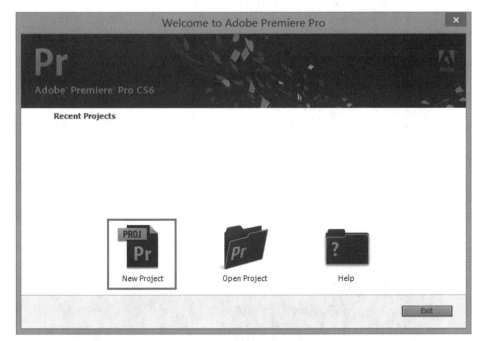

图3-1

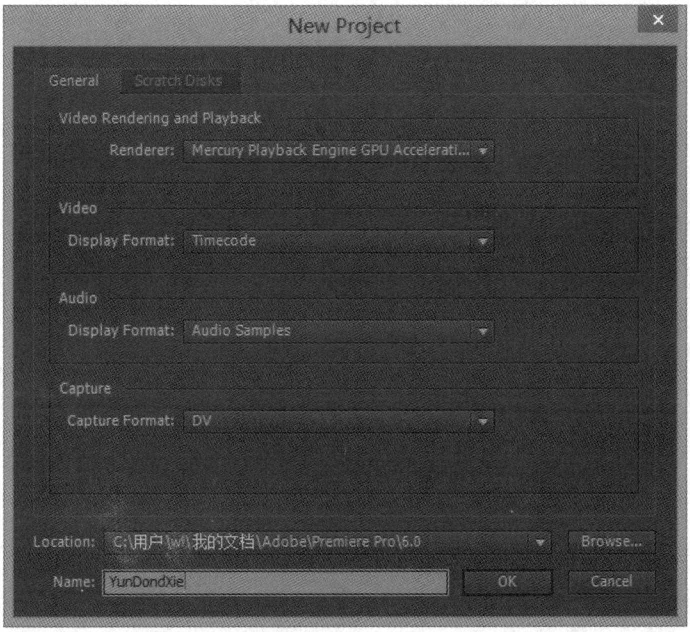

图3-2

STEP 03 弹出"New Sequence"对话框，在对话框中"Sequence Presets"（序列预设）选项卡中选择"DV-PAL"文件夹下的"Standard 48kHz"选项，如图3-3所示。

STEP 04 切换到"Settings"选项卡，设置"Fields"为"No Fields（Progressive Scan）"（无场逐行扫描），如图3-4所示。设置完成后单击"OK"按钮，进入软件编辑的操作界面，如图3-5所示。

图 3-3

图 3-4

图3-5

导入素材

STEP 05 创建好项目文件后，下面将需要编辑的素材导入到"Project"面板中。在
"Project"面板中利用鼠标左键双击空白处，弹出"Import"对话框，选择本任务素材所在
的文件夹，如图3-6所示。

图3-6

STEP 06 单击"打开"按钮，将选择的序列素材导入到"Project"面板中，如图3-7所示。

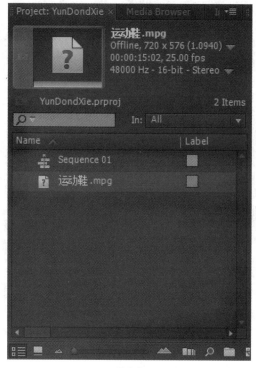

图3-7

STEP 07 素材导入完成后，将素材拖入"Sequence"面板中，然后进行字幕的创建。

创建新字幕

STEP 08 执行"File"→"New"→"Title"命令，如图3-8所示。

New	▶		Project...	Ctrl+Alt+N
Open Project...	Ctrl+O		Sequence...	Ctrl+N
Open Recent Project	▶		Sequence From Clip	
Browse in Adobe Bridge...	Ctrl+Alt+O		Bin	Ctrl+/
			Offline File...	
Close Project	Ctrl+Shift+W		Adjustment Layer...	
Close	Ctrl+W		Title...	Ctrl+T
Save	Ctrl+S		Photoshop File...	
Save As...	Ctrl+Shift+S			

图3-8

✎ 提 示

在影片的编辑中字幕占了很大的比重，"Title Designer"窗口主要用于创建字幕特效，其中内置了一些字体效果可以批量添加。

STEP 09 弹出"New Title"对话框，设置"Timebase"为25.00fps，如图3-9所示。

STEP 10 单击"OK"按钮，弹出"Title Designer"窗口，如图3-10所示。

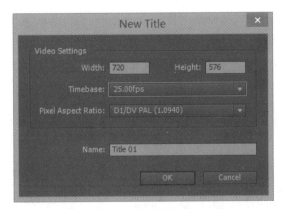

图3-9

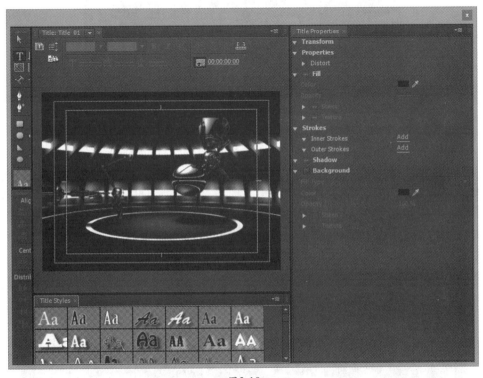

图3-10

STEP 11 在"Sequence"面板中调整时间到影片中的语音对白处,如图3-11所示。

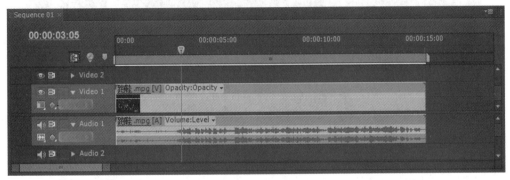

图3-11

STEP 12 在Adobe Premiere Pro CS6的"Title Designer"窗口中单击上方的显示背景视频按钮
, 序列所在当前帧的画面作为背景显示在面板的绘制区域中, 如图3-12所示。

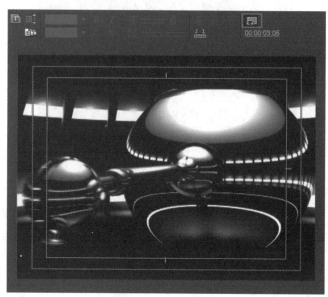

图3-12

STEP 13 在"Title Designer"窗口的弹出式菜单中确认"Safe Title Margin"(安全字幕区
域)与"Safe Action Margin"(安全动作区域)被激活, 如图3-13所示。内部的白色线框是
安全字幕区域, 外部的白色线框是安全动作区域。

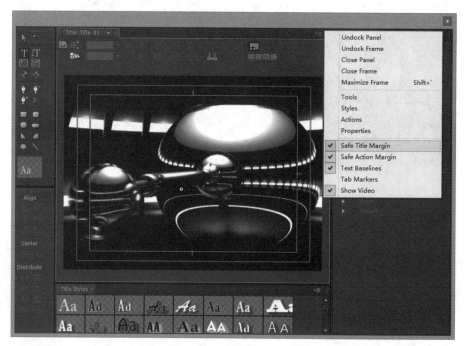

图3-13

STEP 14 在字幕工具框中选择文本工具 , 在绘制区域的安全字幕区域中单击想要开始输入
文本的开始点, 出现闪动光标后, 输入文本"独有GDS减震系统", 如图3-14所示。

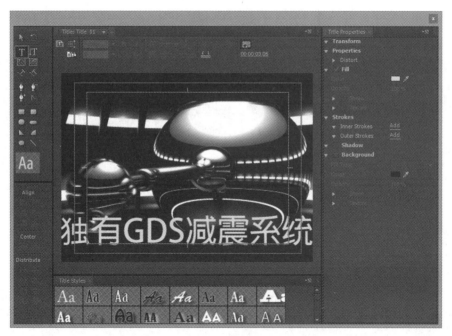

图3-14

提示

可以自定义字幕模板，这样在编辑同样类型的素材时可以方便调取，在设置了新的模板后，"Title Designer"窗口会自动替换掉默认素材。

STEP 15 设置"Font Family"为所需要的字体"SimSun"，设置"Font Size"为30.0，如图3-15所示。

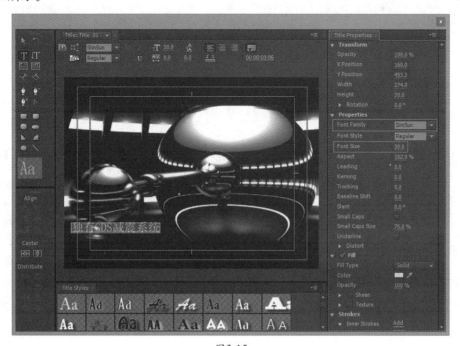

图3-15

STEP 16 利用对齐中心按钮 以及选择工具按钮 ▶ 调整字幕的位置，如图3-16所示。

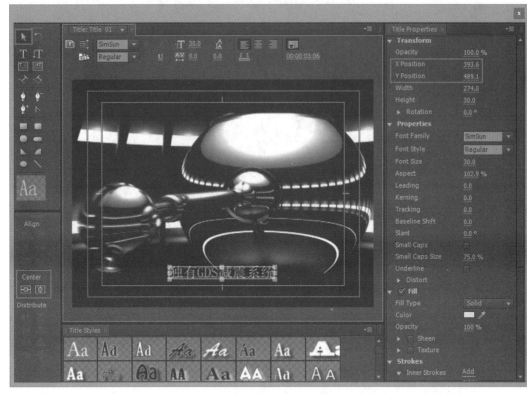

图3-16

> **提 示**
>
> 　　安全框分为内外两层线框，内部一层线框主要用于标注安全字幕区域，这是由于不同的播放平台要求不同，如果输出的视频用于流媒体播放，可不必理会安全框的限制，但是字幕位于安全框以内会在视觉感受上显得更为合理。

STEP 17 使用选择工具 ▶ 单击文本框外的任意一点，完成输入操作。回到"Sequence"面板，将创建的字幕素材拖入时间线对应语音对白的时间点，设置时间入点与出点的位置，如图3-17所示。

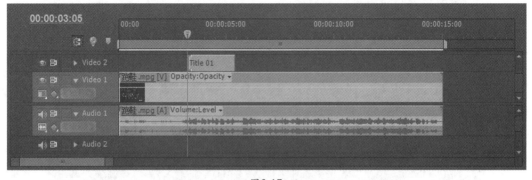

图3-17

STEP 18 如图3-18所示，创建的字幕被存入素材库中。至此，运动鞋动画中一句对白的字幕创建成功。

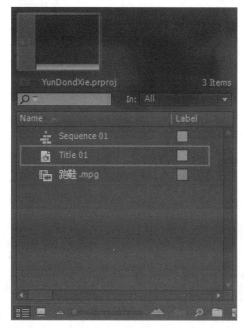

图3-18

Pr 知识点拓展

知识点1　字幕的编辑调整

　　"Title Designer"窗口是Adobe Premiere Pro CS6中制作字幕的重要功能，其中包括"Title Tools"（字幕工具）、"Title Main Panel"（字幕主面板）以及"Title Properties"（字幕属性）、"Title Actions"（字幕动作）、"Title Styles"（字幕样式）等相关面板用于字幕编辑，如图3-19所示。

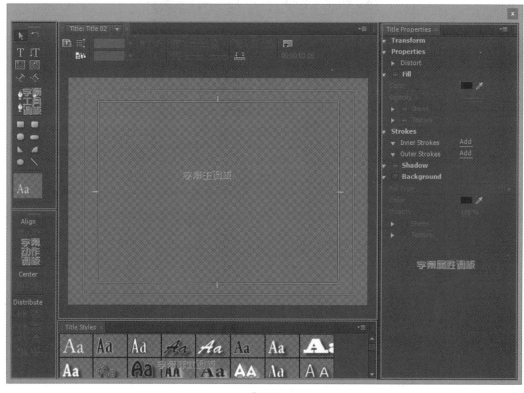

图3-19

知识点2　创建字幕

　　在通常情况下，创建字幕的方式是执行"File"→"New"→"Title"命令，弹出"New Title"对话框。另外，还有以下几种方法可以新建字幕。

　　第一种方法：执行"Title"→"New Title"→"Default Still"命令，如图3-20所示，或是按Ctrl+T组合键。

　　第二种方法：在"Project"面板下方单击新建按钮，在弹出的菜单中执行"Title"命令，如图3-21所示。

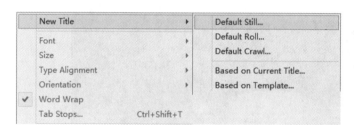

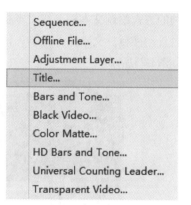

图3-20 图3-21

知识点3 文本工具

在"Title Designer"窗口中存在六种文本编辑工具，分别为文本工具 T、垂直文本工具 IT、区域文本工具 、垂直区域文本工具 、路径文本工具 和垂直路径文本工具 ，通过选择不同类型的文本工具对字幕文本进行编辑，如图3-22所示。

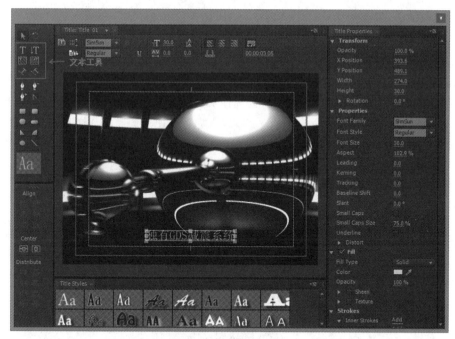

图3-22

1.输入无框架文本

选择字幕工具框中的文本工具 T 或垂直文本工具 IT，在绘制区域中单击想要输入文字的开始点，出现闪动光标后输入文本。文本输入完毕后，使用选择工具 单击文本框外的任意一点，结束输入操作。

2.输入区域文本

选择字幕工具框中的区域文本工具 或垂直区域文本工具 ，在绘制区域中使用鼠标拖拽的方式绘制文本框，在文本框的开始位置出现闪动光标，输入文本，文本到达文本框边界时自动换行。文本输入完毕，使用选择工具![箭头]单击文本框外任意一点，结束输入操作，效果如图3-23所示。

图3-23

3. 输入路径文本

选择字幕工具框中的路径文本工具![图标]或垂直路径文本工具![图标]，在绘制区域中绘制一条路径。绘制完毕后，按住Ctrl键将工具切换为选择工具![箭头]，选择曲线路径，在路径的开始位置出现闪动光标，释放Ctrl键，输入文本。文本输入完毕，使用选择工具![箭头]单击文本框外的任意一点，结束输入操作，效果如图3-24所示。

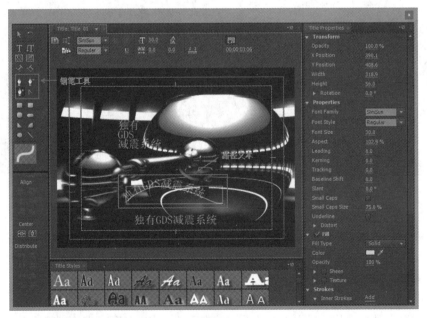

图3-24

提 示

字幕路径可以使用路径工具进行调整，其使用方法和Photoshop中的路径绘制工具一致。

知识点4 格式化文本

在Adobe Premiere Pro CS6中，"Title Designer"窗口拥有强大的的文本处理功能，可以随意编辑文本内容，并对文本的字体、字体风格、文本对齐方式等进行设置。

1. 对文本进行编辑修改

利用鼠标双击文本中想要进行编辑的点，选择工具 自动转换为相应的文本工具，在插入点处将出现光标。使用鼠标单击字符的间隙或使用左右箭头键，可以移动或插入点的位置。在插入点处拖曳鼠标，可以选择单个或连续的字符，被选中的字符高亮显示，如图3-25所示。可以在插入点处继续输入文本，或使用Delete键删除选中的文本，还可以使用各种手段对选中的文本进行设置。

图3-25

2. 选择字体

选择需要更改字体的文本内容，执行"Title"→"Font"命令，在弹出的菜单中选择所需的字体，如图3-26所示。

图3-26

还可以单击"Title Designer"窗口顶部的字体下拉列表和字体风格下拉列表或"Title Properties"（字幕属性）面板中的"Font Family"（字体家族）和"Font Style"（字体风格）两个下拉列表，在其中对比选择所需的字体及其风格，如图3-27所示。

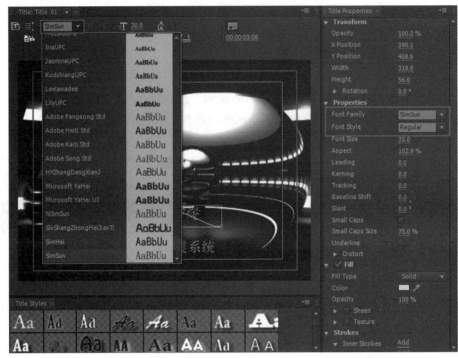

图3-27

3. 文本的排列方式

执行"Title"→"Orientation"→"Horizontal/Vertical"命令，可以在垂直输入和水平输入文本间进行转换。

4. 文本属性设置

通过设置"Title Properites"面板，可以对字幕的属性进行更改，如图3-28所示。

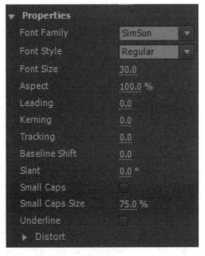

图3-28

知识点5　导出字幕

　　字幕创建之后，会被自动添加到"Project"面板的当前文件夹中，字幕作为项目素材的一部分被保存显示在"Project"面板中。执行"File"→"Export"→"Title"命令，可以将字幕输出，字幕的格式为PRTL。从某种意义上来看，字幕也可作为一种素材被导出，成为独立的文件任务。

任务2　为鸿星尔克运动鞋系列广告制作字幕

🖥 任务背景

依照任务1的范例，制作鸿星尔克运动鞋系列广告的字幕。

🖥 任务要求

根据鸿星尔克广告的广告词制作字幕。

🖥 本任务掌握要点

技术要点：新建适合动画视频素材的Adobe Premiere Pro CS6项目文件，并进行字幕
创建
问题解决：为鸿星尔克运动鞋的动感主题歌制作字幕
应用领域：影视后期
素材来源：光盘:\素材文件\模块03\素材
作品展示：无

🖥 任务分析

🖥 主要操作步骤

01

02

03

04

05

06

07

08

09

一、单选题

1. 在Adobe Premiere Pro CS6中，创建字幕的快捷键是（　　）。
   A. Ctrl+C　　　　　　　　　　　B. Ctrl+D
   C. Ctrl+T　　　　　　　　　　　D. Ctrl+N

2. 在Adobe Premiere Pro CS6中，字幕导出的格式为（　　）。
   A. Prtl格式　　　　　　　　　　B. PPJ格式
   C. EPS格式　　　　　　　　　　D. PSD格式

二、多选题

1. 在Adobe Premiere Pro CS6中，"Title Designer"窗口中存在六种文本编辑工具，下列选项属于这六种文本编辑工具的是（　　）。
   A. 文本工具　　　　　　　　　　B. 垂直文本工具
   C. 区域文本工具　　　　　　　　D. 路径文本工具

2. 下面对"Safe Title Margin"（安全字幕区域）与"Safe Action Margin"（安全动作区域）理解正确的是（　　）。
   A. 内部的白色线框是安全字幕区域，外部的白色线框是安全动作区域
   B. 安全字幕区域主要是为了保证字幕能够在电视上完整地播放
   C. 在网络流媒体播放时，即使字幕不在安全区域以内也能够被播放出来
   D. 字幕安全区域和动作安全区域毫无意义

3. 在Adobe Premiere Pro CS6中，"Title Designer"窗口是制作字幕的重要功能，其中包括（　　）。
   A. "Title Main Panel"（字幕主面板）B. "Title Properties"（字幕属性）面板
   C. "Sequence"（序列）面板　　　　D. "Title Styles"（字幕样式）面板

三、填空题

1. 在Adobe Premiere Pro CS6中，"Title Designer"窗口包含有_____、_____、_____、_____和_____五种面板类型。

2. 在"Title Designer"窗口的绘制区域中，所有字幕应该尽量被放在安全字幕区域_____。

3. 在"Title Designer"窗口的弹出式菜单中确认"Safe Title Margin"（安全字幕区域）与"Safe Action Margin"（安全动作区域）被激活，内部的白色线框是_____，外部的白色线框是_____。

模 块
04 尼泊尔宣传片

任务参考效果图：

能力掌握：

1. 了解视频场景转换的常用方法
2. 在制作视频中运用场景转换的方法

软件知识点：

1. 插件Camera Flash的应用
2. 转场的设置调整
3. 技巧转场与无技巧转场的应用

重点掌握：

了解技巧转场与无技巧转场之间的区别

Pr 模拟制作任务

任务1 使用淡出淡入效果来制作转场特效

🖥 任务背景

尼泊尔，全称为"尼泊尔联邦民主共和国"（Federal Democratic Republic of Nepal），是南亚山区内陆国家，位于喜马拉雅山南麓，是亚洲的古国之一。在公元前6世纪，尼泊尔人就已在加德满都河谷一带定居。尼泊尔国会于2008年5月28日宣布废除君主制，结束了280多年的沙阿王朝，成立尼泊尔联邦民主共和国，实现共和制。全国近80%人口务农。

尼泊尔号称"高山王国"，而不是普通的山地王国，是因为其背靠喜马拉雅山脉，境内分布着众多"极高山"（海拔超过6000米以上的高山被称为"极高山"）。地球上最高的14座山峰中，有8座全部或部分位于尼泊尔境内。它们的海拔全部在8000米以上。这些地球上最高的山峰共同构筑了地球的屋檐。高山仰止，每当日出与日落时分，巍巍雪山便会绽放出无法用语言形容的神圣光芒，这些雪山被敬仰地称为"众神的白色座椅"。

尼泊尔是典型的季风型气候，有旱季和雨季之分。关于旅游，公认的尼泊尔最佳旅游时间是9月到11月，气候最好；其次是12月到2月，这个时候是冬季，天气比较冷，雪山的能见度非常高。常规旅游基本上是以三个地方为据点，一个是尼泊尔的首都加德满都及其四周的谷地，一个是以博卡拉为中心的地区，还有一个是以原始森林、原始动物为卖点的奇旺（又称"奇特旺"）及其国家公园。因为尼泊尔多高山，所以也是世界公认的行山圣地，其营地补给相当完善，就算不是专业人员，只要有时间，也可以一直走到喜马拉雅山的珠峰大本营，其中有五条由简至难的世界级徒步行山路线，标准时间从最短的四天到最长的一个月。尼泊尔河流众多，大多没有被开发破坏，保持了原始特色，但险滩很多。

本宣传片的主要任务是向社会公众展示和介绍尼泊尔的自然风光和人文艺术等。

在制作中通过淡入淡出的转场特效，将几个并列的画面组接起来，形成排比式的画面叙述方式。

🖥 任务要求

为"光盘:\素材文件\模块04\素材\淡出淡入效果制作"目录下的四段素材添加淡出淡入转场特效。

> 播出平台：多媒体、中央电视台及地方电视台
> 制式：PAL制式

🖥 任务分析

在制作宣传片和广告片之前一般需要提前制作出分镜头脚本，以控制前期拍摄时的画面结构，在剪辑时对照分镜头脚本进行创作。不过在时间紧张的情况下（尼泊尔宣传片时长6分

钟），要画分镜头脚本很难，因此，在拍摄中没有绘制分镜头脚本，但是从影片中可以看出整体的影片构架与场景之间的转换都是很有创意的。

📺 本任务掌握要点

重新排列素材、添加淡出淡入转场特效。

技术要点：为视频添加淡出淡入转场特效，并设置转场特效的持续时间
解决问题：转场特效的持续时间需要根据视频的节奏及音乐的旋律进行配合
应用领域：影视后期
素材来源：光盘:\素材文件\模块04\素材\淡出淡入效果制作
作品展示：光盘:\素材文件\模块04\参考效果\尼泊尔宣传片.mpeg
操作视频：光盘:\操作视频\模块04

🖥 任务详解

新建项目文件并导入素材

STEP 01 启动Adobe Premiere Pro CS6，欢迎界面如图4-1所示。单击"New Project"按钮，弹出"New Project"对话框，将"Name"设置为"尼泊尔宣传片"；因为尼泊尔宣传片的素材都是高清的，所以将"Capture Format"设定为HDV；在"Location"下拉列表中可以选择存放项目的地址，本例中对项目存放的位置不做过多调整，直接使用其默认的参数，如图4-2所示，单击"OK"按钮，完成设置。

STEP 02 进入"New Sequence"对话框，将"Sequence Name"命名为"尼泊尔宣传片"，单击"DV-PAL"文件夹左边的三角形图标，展开"DV-PAL"文件夹，选择"Standard 48kHz"，如图4-3所示，单击"OK"按钮，进入Adobe Premiere Pro CS6操作界面。

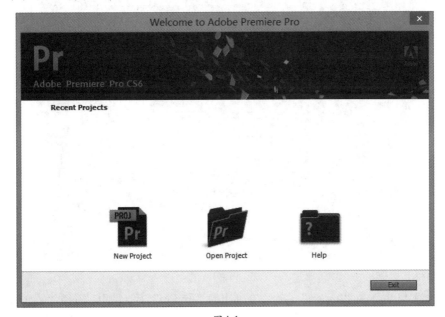

图4-1

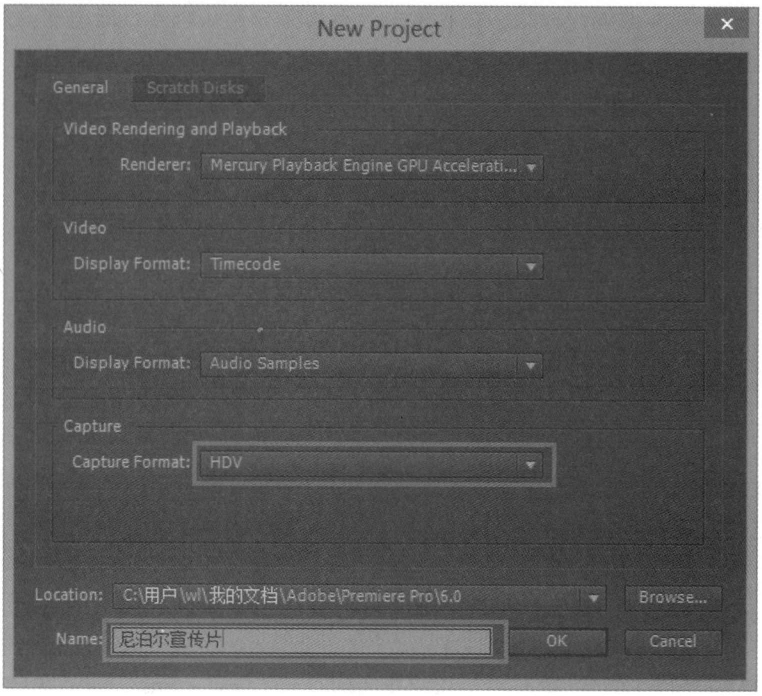

图4-2

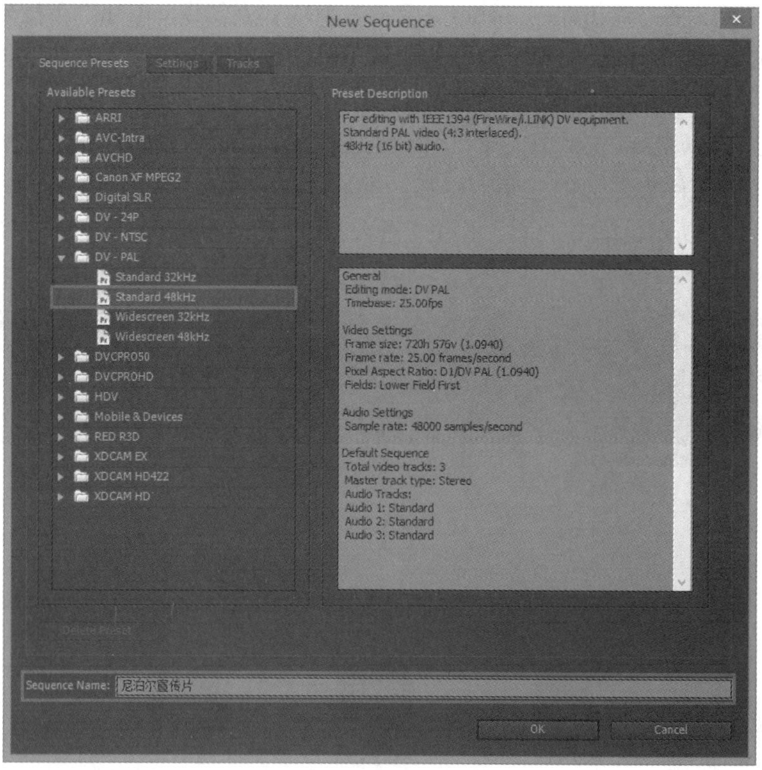

图4-3

STEP 03 选择 "File" → "Import" 命令，在弹出的 "Import" 对话框中，选择 "光盘:\素材文件\
模块04\素材\淡出淡入效果制作\NBR-26.mpeg" 文件，单击 "打开" 按钮，将 "NBR-26.mpeg"

视频素材文件导入至Adobe Premiere Pro CS6中。

STEP 04 采用上述操作方法，将"光盘:\素材文件\模块04\素材\淡出淡入效果制作"下所有
MPEG格式的文件导入至Adobe Premiere Pro CS6中，如图4-4所示。

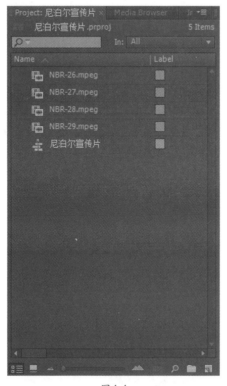

图4-4

STEP 05 将素材导入Adobe Premiere Pro CS6后，首先将"NBR-26.mpeg"和"NBR-27.mpeg"
两段素材拖动到时间线轨道中，如图4-5所示。

图4-5

提 示

在尼泊尔宣传片中，视频素材自带了拍摄时的音频文件，但在制作中只需要在视频制作的
最后加入统一的音乐对画面进行点缀，不需要视频素材原始自带的音频文件，所以需要对原始
的音频文件进行处理，将视频文件与音频文件进行分离并删除原始音频文件。

STEP 06 在"NBR-26.mpeg"素材上单击鼠标右键，在弹出的菜单中执行"Unlink"（解锁）命令，如图4-6所示，将视频和音频分离。经过这样的处理，就可以单独选择音频文件了。

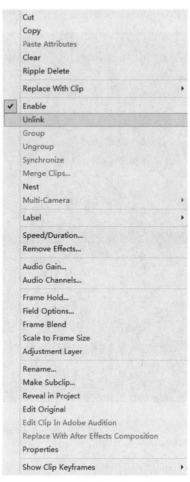

| Cut |
| Copy |
| Paste Attributes |
| Clear |
| Ripple Delete |
| Replace With Clip ▶ |
| ✓ Enable |
| Unlink |
| Group |
| Ungroup |
| Synchronize |
| Merge Clips... |
| Nest |
| Multi-Camera ▶ |
| Label ▶ |
| Speed/Duration... |
| Remove Effects... |
| Audio Gain... |
| Audio Channels... |
| Frame Hold... |
| Field Options... |
| Frame Blend |
| Scale to Frame Size |
| Adjustment Layer |
| Rename... |
| Make Subclip... |
| Reveal in Project |
| Edit Original |
| Edit Clip In Adobe Audition |
| Replace With After Effects Composition |
| Properties |
| Show Clip Keyframes ▶ |

图4-6

提示

可以通过单击鼠标右键调取弹出式菜单以执行相关命令，菜单中与"Project"面板相关的命令都集中于此。

STEP 07 单独选择音频轨道上的音频素材，按Delete键即可将音频素材删除。使用上述方法，将"NBR-27.mpeg"的音频素材也进行删除。

淡出淡入转场特效的添加

STEP 08 拖动素材位置，使"NBR-26.mpeg"素材与"NBR-27.mpeg"素材首尾相接，如图4-7所示。

图4-7

STEP 09 执行"Window"→"Effects"命令。打开"Effects"面板，单击"Effects"面板中"Video Transitions"（视频转换特效）左边的三角形图标展开文件夹，再单击"Dissolve"（溶解类转换特效）左边的三角形图标展开文件夹，选择"Cross Dissolve"（淡出淡入）转换特效，如图4-8所示。

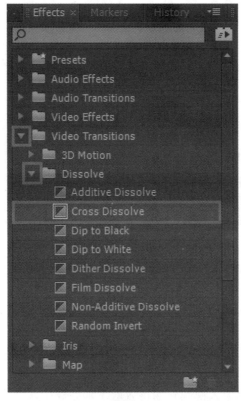

图4-8

提示

"Effects"面板在"Project"面板左侧，如果用户不小心将某个窗口关闭，可以在"Window"菜单中找到。

STEP 10 按住"Cross Dissolve"选项不放，将其拖动到两段素材之间的链接处。这样，"Cross Dissolve"淡出淡入转场特效就添加完成了，如图4-9所示。

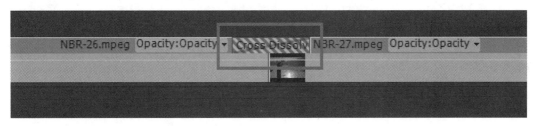

图4-9

STEP 11 视频转场特效添加完成之后，可以对视频转场特效的数值进行调整，以达到所需要的效果，如图4-10所示。

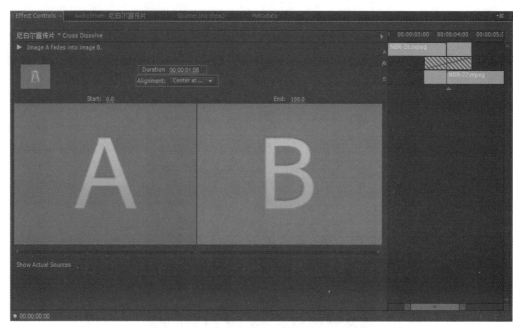

图4-10

提 示

在"Effect Controls"面板中可以预览转场效果，单击"Play the Transition"按钮可以直接播放预览转场特效，也可以选中"Show Actual Sources"复选框，以实时预览转场效果。

STEP 12 对视频转场特效参数进行修改，将"Duration"参数设置为00:00:01:05，将"Alignment"参数设置为"Center At Cut"。

通过以上操作，淡出淡入视频转场特效就添加完成了，这种转场特效被称为"技巧转场"。

任务2 利用Camera Flash插件制作闪光视频转场特效

🖵 任务背景

本任务是将两个不同场景的镜头进行视觉上的串联。利用相似物体转场方式，将两个完全无关联的场景串联在一起，进而达到场景过渡自然的目的。这种视频转场方式是无技巧转场中的一种。

🖵 任务要求

利用Camera Flash插件制作闪光视频转场特效。

播出平台：多媒体、中央电视台及地方电视台

制式：PAL制式

任务分析

本任务将利用Camera Flash插件制作闪光视频转场特效。此视频转场特效不仅利用了技巧转场，也利用了无技巧转场，从而将两段视频进行组接。

任务参考效果图

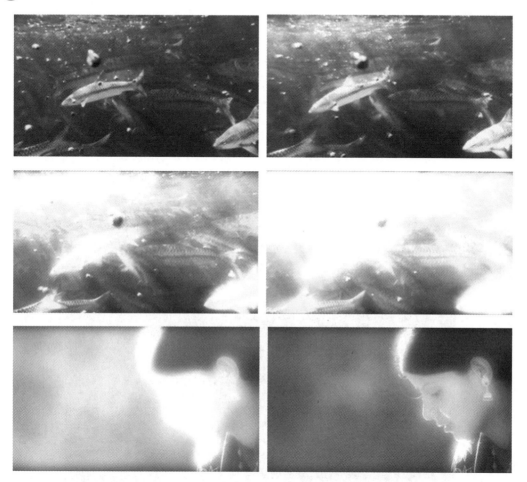

本任务掌握要点

Camera Flash插件的安装与使用。

技术要点：Camera Flash插件的安装与使用
问题解决：了解无技巧转场的基本内容，无技巧转场与技巧转场的区别
应用领域：影视后期
素材来源：光盘:\素材文件\模块04\素材\鱼儿游动转场
作品展示：光盘:\素材文件\模块04\参考效果\尼泊尔宣传片.mpeg
操作视频：光盘:\操作视频\模块04

🖥 任务详解

新建项目文件导入素材

STEP 01 启动Adobe Premiere Pro CS6，执行"File"→"New"→"Sequence"命令，新建一个序列，如图4-11所示。

File	Edit	Project	Clip	Sequence	Marker	Title	Window	Help

New	▶	Project...	Ctrl+Alt+N
Open Project...	Ctrl+O	Sequence...	Ctrl+N
Open Recent Project	▶	Sequence From Clip	
Browse in Adobe Bridge...	Ctrl+Alt+O	Bin	Ctrl+/
		Offline File...	
Close Project	Ctrl+Shift+W	Adjustment Layer...	
Close	Ctrl+W	Title...	Ctrl+T
Save	Ctrl+S	Photoshop File...	
Save As...	Ctrl+Shift+S		

图4-11

STEP 02 在"New Sequence"对话框中，将"Sequence Name"命名为"尼泊尔宣传片——鱼儿游动转场"。单击"DV-PAL"文件夹左边的三角形图标，展开"DV-PAL"文件夹，选择"Standard 48kHz"选项，如图4-12所示，单击"OK"按钮，进入Adobe Premiere Pro CS6操作界面。

图4-12

STEP 03 执行"File"→"Import"命令，弹出"Import"对话框，选择"光盘:\素材文件\模块04\素材\鱼儿游动转场\NBR-56.mpeg"文件，单击"打开"按钮，将"NBR-56.mpeg"的视频素材文件导入到Adobe Premiere Pro CS6中。

STEP 04 采用上述操作方法，将"光盘:\素材文件\模块04\素材\鱼儿游动转场"下所有MPEG格式的文件导入至Adobe Premiere Pro CS6中，如图4-13所示。

图4-13

STEP 05 素材导入完成后，首先将"NBR-56.mpeg"和"NBR-57.mpeg"素材拖动到时间线轨道中，如图4-14所示。

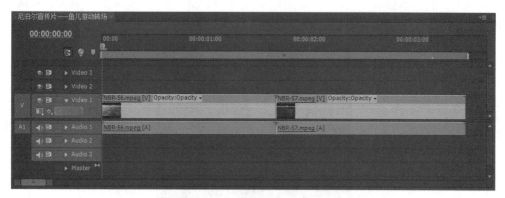

图4-14

素材的分辨率为1920×1080像素，而在新建项目时采用的是PAL D1/DV电视制式，分辨率为720×576像素，素材分辨率与项目文件的分辨率不同，因此，要对素材进行修改，这样才能把分辨率比较高的素材嵌入到分辨率比较低的素材中。

提 示

对于素材的调整，编辑原则是可以缩小但不能放大，视频都是基于位图的编辑模式，放大图像会导致质量模糊，缩小则不会影响图像质量。

STEP06 单击"NBR-56.mpeg"素材，再单击"Effect Controls"（效果控制）面板。在这个任务中，将"Scale"（缩放）参数设置为41.0，如图4-15所示。采用同样的方法，将"NBR-57.mpeg"的"Scale"（缩放）参数设置为41.0。

图4-15

添加Camera Flash特效制作闪光视频转场特效

STEP07 执行"Window"→"Effects"命令，打开"Effects"面板，单击"Video Effects"（视频特效）左边的三角形图标展开文件夹，再单击"DFT Composite Suite Pro"（DFT插件）左边的三角形图标展开文件夹，选择"Camera Flash"（闪光灯效果）效果，如图4-16所示。

图4-16

STEP 08 按住 "Camera Flash" 选项不放，将其拖动到 "NBR-56.mpeg" 素材上，这样Camera Flash插件就添加完成了，如图4-17所示。

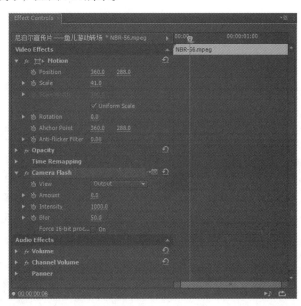

图4-17

STEP 09 使用Camera Flash插件对画面进行闪光效果的关键帧制作。为了方便制作，在制作之前需要对时间线的显示方式进行修改。默认情况下，时间线素材的参数显示为 "Opacity"（不透明度），如图4-18所示。现在需要对Camera Flash进行关键帧的设置，将素材显示变更为 "Camera Flash"，黄色线的高低表示 "Amount" 的数值大小，如图4-19所示。

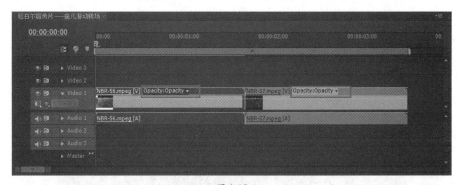

图4-18

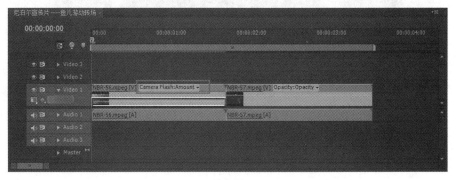

图4-19

STEP⑩ 采用上述方法，对"NBR-57.mpeg"的素材显示进行调整。

STEP⑪ 单击"Effect Controls"（效果控制）面板，对Camera Flash的关键帧进行设置。

STEP⑫ 单击选中"NBR-56.mpeg"素材，将时间线指针拖至00:00:01:06处，将"Amount"参数设置为0.0，如图4-20所示；将时间线指针拖至00:00:01:16处，将"Amount"参数设置为20.0，如图4-21所示。

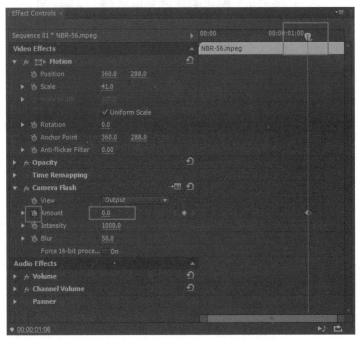

图4-20

图4-21

STEP 13 选中"NBR-57.mpeg"素材，将时间线指针拖至00:00:01:17处，将"Amount"参数设置为20.0，如图4-22所示；将时间线指针拖至00:00:02:06处，将"Amount"参数设置为0.0，如图4-23所示。

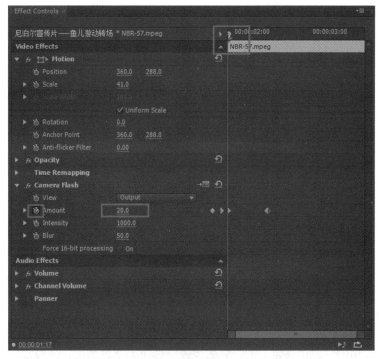

图4-22

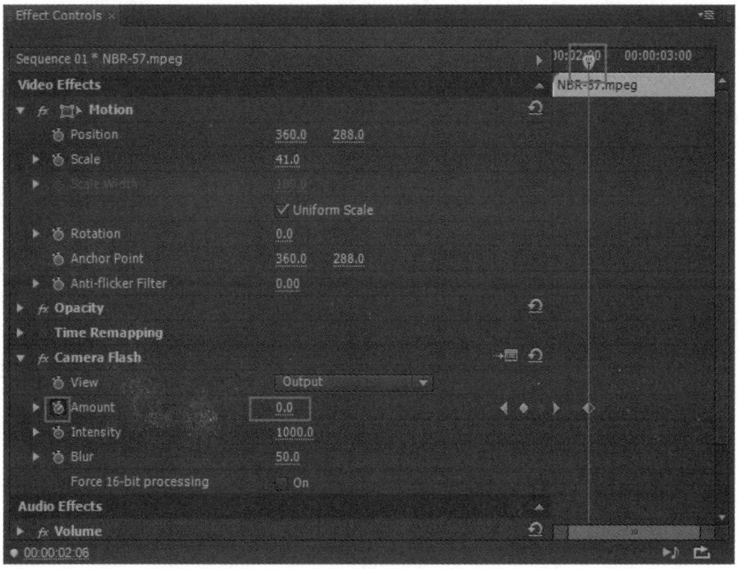

图4-23

STEP 14 设置完毕，闪光灯转场特效就制作完成了。

知识点1 转场

　　每个段落（构成影片的最小单位是镜头，由一个个镜头连接在一起形成的镜头序列是段落）都具有某个单一的、相对完整的意思，如表现一个动作过程，表现一种相互关系，表现一种含义等。它是影片中一个完整的叙事层次，就像戏剧中的幕、小说中的章节。一个个段落连接在一起，就形成了完整的影片。因此，段落是影片最基本的结构形式，影片在内容上的结构层次是通过段落表现出来的。段落与段落、场景与场景之间的过渡或转换，被称为"转场"。

知识点2 转场的类型

　　切：前后两个镜头直接相连的剪辑方式，适用于场景之间和镜头之间的剪辑方式，尤其是对一场戏中的镜头来说，"切"的应用率会达到90%以上。

　　淡入：镜头中的影像逐渐由全黑转变为规定曝光下的清晰影像，通常情况下以淡入作为影片的开始。

　　淡出：镜头中的内容由规定下的曝光影像逐渐转变为全黑影像，一般常用软件设置淡出效果作为影片的结束方式。如果说"切"是逗号，那么"淡出"就是句号。为了表现两个场景间的影像信息在时间上的距离感，往往是前一个场景淡出后接下一个场景淡入。

　　叠化：上一个镜头淡出的同时，下一个镜头淡入，两个镜头有一段时间叠印在一起，整个过程不出现黑场。在表达时间的距离感上，"叠化"没有"淡入"、"淡出"那么强烈，往往用于有意省略镜头中的一些动作，或弥补现场拍摄时的方向、错误、穿帮，或用于闪回到角色的回忆、作者的插叙，或利用两个相似的形状、颜色、角色动作等形式和内容进行剪辑。

　　划：第二个画面通过横向、纵向、斜向运动或图案变化取代第一个画面。两个画面没有叠印过程，但有清晰的界限。这种镜头的转换技术风行于默片时代，虽然过时，但仍然被大量运用于当今的电视领域，偶尔也会出现在现代电影中，看上去有滑稽幽默的感觉。

　　平行剪辑：与一场戏的空间转换方式不同，平行剪辑（或者称"交叉剪辑"、"平行蒙太奇"）是剪辑师（或者画面分镜头绘制者）将两条情节线两个不同场景的镜头交替连接在一起，展示两条情节线中的镜头影像是同时发生的场景转换方式。有时也可以对不同影像进行剪辑或对比评论，或被用来延长画面的时间，达到晚入戏的效果。

知识点3 转场的设置调整

　　在"Effects"面板中单击选择两段素材之间的转场特效，就可以在"Effect Controls"面板中对添加的转场特效进行相应的设置与调整，以达到所需要的效果。

对素材添加转场特效后，在"Sequence"面板中相应的素材上会显示转换特效图标，如图4-24所示。

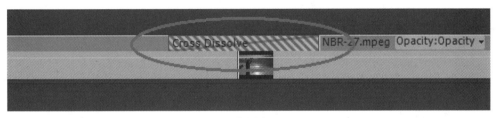

图4-24

调整转场设置还可以双击"Sequence"面板中需要进行修改的转场特效，进入"Effect Controls"面板，对转场特效进行预览和设置。这种方法有助于对转场特效进行细致的调节，它把转场特效的控制区域分为左右两部分，左侧用来修改参数以及预览转场效果，右侧显示转场的轨道调节，如图4-25所示。

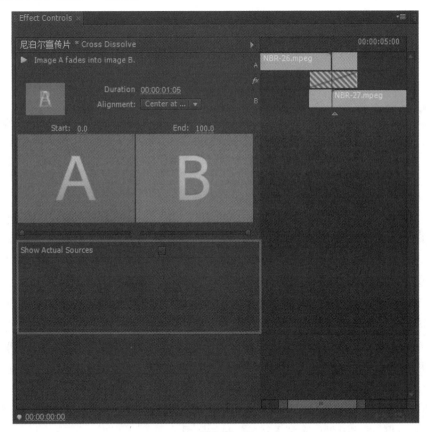

图4-25

单击面板上方的"Show/Hide Timeline View"按钮，可以展开或收起"Effect Controls"面板中右侧的时间线部分。对于基本转场，其中的设置如下。

- Duration：转场时间。
- Alignment：对齐方式。
- Show Actual Sources：显示实际来源。

有的视频转场具有多个可设置选项，如浏览转场效果，用户可以通过拖动时间线滑块或使用空格键来浏览转场效果。

知识点4　转场技巧与方式

转场分为技巧转场和无技巧转场。技巧转场利用特效过渡组接两段素材，使画面表现连贯完整；无技巧转场则通过镜头的自然过渡衔接拍摄的素材，使画面自然过渡，但需要在拍摄时注意画面的稳定性和协调性。

（1）用音乐、音响、解说词、对白等与画面的配合实现转场

可以利用解说词对画面进行陈述，以引导观众的思绪，起到承上启下、贯穿前后镜头的作用，这是电影电视编辑的基础手段，也是转场的惯用方式之一。

音乐和画面对白是不同的声音表现形式，画面表达效果也不同。就转场效果来说，存在下面几种方式。

① 声音与画面保持同步。

② 先有声音，画面渐入屏幕。

③ 屏幕中先有画面，声音渐入。

提　示

叠化是将声音与声音衔接最普遍的特效过渡方式之一。利用声音的吸引作用，弱化了画面转换、段落变化时的视觉跳动。在转场的过程中，转场镜头和转场声音起到了承上启下的作用。

（2）利用声音表现呼应关系，将场景进行转换

在大量的电影中都能发现很多声音转场的案例。例如，一部电影的开头只播放声音，画面是其他场景，而且场景中没有视觉中心，这样不仅让画面的过渡自然，而且增强了观众的好奇心。

利用前后镜头之间造型和内容上的某种呼应、动作连续或者情节连贯的关系，使段落过渡顺理成章。有时，利用承接的假象还可以制造错觉，使场景的转换既流畅又有戏剧效果。寻找承接因素是逐步递进式剪辑的常用方式，也是电影电视编辑应该熟练掌握的基本技巧。

前后镜头在景别、动静变化等方面的巨大反差，可以形成鲜明的对比，造成明显的段落间隔，适用于大段落的转换，其常见方式是运用两极景别。由于前后镜头在景别上的悬殊对比，制造出明显的间隔效果，段落感强，属于镜头跳切的一种，有助于加强节奏。

景别中特写的作用在于，在集中注意力的同时，将画面表现范围压缩得十分有限，这带给观众一种空间的弱化效果，有利于转场效果的实现。

利用摄像机拍摄镜头的机位，将拍摄角度设置成人物视觉角度，通过处理前后镜头的逻辑顺序，进行转场的过渡，这样可以展现一种时空的视觉中心感。

提　示

音乐同影片一样必须在时间的基础上才能进行欣赏，音乐的节奏是剪辑的重点，随着重音或节奏点进行剪辑，会使叙事的高潮逐渐展现。

知识点5 转场的剪辑点

对一个不间断叙事完整、独立的场景中所有的镜头而言，将一个镜头的结尾部分与一个镜头的开始部分连接在一起的标准，是要考虑两个部分中共同体所体现的时空的完整性、连续性的细节，这些体现时空的完整性和连续性的细节就是剪辑点。在保证镜头内角色的视线、方向、动作、角色所在环境连贯性的基础上，在相邻镜头中，角色的手、胳膊、幅中以及角色做动作时肢体或道具的位置应该是相同的。

在动画片分镜头和一些动作片中有一种在动作中进行剪辑的方法，就是设计角色的动作在前一个镜头开始，在下一个镜头结束，而不是让角色的动作在一个镜头中完成。实际上，是让角色的动作跨越了两个镜头，这样做是事先设计剪辑点的做法，这种做法很容易让观众跟随动作的趋势自然地进入到下一个镜头中，从而达到掩盖剪辑痕迹的目的。

在同一场景中，镜头影像叙事并不绝对要求连续性。总的来说，电影中的剪辑点位置，实际上就是动画分镜头每个镜头要标明的位置。根据镜头需要，制作总导演会画出镜头开始的第一个位置，除了影片拍摄的景别、影调、静态构图、动态构图、角度、机位、轴线得以体现以外，最重要的是规定了角色动作开始的位置和形态，这是为了连接前一个镜头的最后位置，要求非常明确地画出角色动作在镜头中结束时的位置和形态，也就是强调剪辑点。

> **提 示**
>
> 跳切也被称为"跳跃剪辑"或"跳接"，在同一场景或同一镜头的前提下，从角色的一个连贯动作中摘出几个互不相连的动作，然后将其强行连接在一起，是一种破坏连续性的反传统剪辑方式。严格地说，这是一种针对动作、强调动作的动图跳切，还有保持角色动作的连续性、不断变换背景的场景跳切等。从20世纪60年代初，戈达尔在《精疲力尽》中首开跳切的先河之后，这种反逻辑、打破线性思维、重表现的快速剪辑方式一直风行至今，尤其在MTV和影视广告领域受到年轻电视人、时尚音乐人和广告人的追捧。

所谓"动接动"，是指将一个完整的动作断开，以两个不同景别或角度来表现同一动作。动作连接的关键在于剪辑点的寻找，一般依据来自于人物动作幅度的最大化和观众期望值的最大化。

Pr 独立实践任务

任务3 利用淡出淡入转场效果制作电子相册

🖥 任务背景

制作一个简单的电子相册，介绍某地的人文景观与基本情况。

🖥 任务要求

去某地拍摄一些风景图片、建筑图片及与当地人的生活习俗、本土人情相关的图片，利用淡入淡出的视频转场效果，以电子相册的形式介绍当地的基本情况，完整全面地表现地域特色。

播出平台：多媒体
制式：PAL制式

🖥 本任务掌握要点

技术要点："淡出淡入"转场特效的应用
问题解决：全面搜集素材
应用领域：影视后期
素材来源：自备
作品展示：无

🖥 任务分析

_____

_____

_____

_____

_____

_____

_____

_____

_____

🖥 主要操作步骤

01

02

03

04

05

06

07

08

09

一、单选题

1. 在Camera Flash中，"Amount"参数的数值越高，画面效果（　　）

　　A. 越亮　　　　　　　　　　　　B. 越不亮

　　C. 不变　　　　　　　　　　　　D. 与参数无关

2. 在Adobe Premiere Pro CS6中，分离视频素材与音频素材之间联系的命令是（　　）

　　A. Unlink　　　　　　　　　　　B. Cut

　　C. Clear　　　　　　　　　　　　D. Nest

二、多选题

1. 平行剪辑又被称为（　　）。

　　A. 平行蒙太奇　　　　　　　　　B. 模糊剪辑

　　C. 交叉剪辑　　　　　　　　　　D. 跳剪

2. 以下哪些属于技巧转场特效（　　）。

　　A. 淡入淡出　　　　　　　　　　B. 叠化

　　C. 划像　　　　　　　　　　　　D. Door

3. 在Adobe Premiere Pro CS6中，能够通过多种方式对素材的属性进行运动关键帧的设置，下列对关键帧描述不正确的是（　　）。

　　A. 只能在"Effect Controls"（效果控制）面板中设置素材关键帧

　　B. 只能在"Sequence"（序列）面板中设置素材关键帧

　　C. 只能在"Sequence"（序列）面板和"Effect Controls"（效果控制）面板中设置素材关键帧

　　D. 不但可以在监视器中设置关键帧，还可以在"Sequence"（序列）面板或"Effect Controls"（效果控制）面板中设置素材关键帧

三、填空题

1. 在Adobe Premiere Pro CS6中，用户可以通过_____或_____来浏览转场效果。

2. 在无技巧转场特效中，利用景物配合实现转场的方式为_____。

3. 把转场效果的控制区域分为左右两部分，左侧可以用来_____以及转场的预览，右侧显示_____。

模 块
05 阿米尼广告片

任务参考效果图：

能力掌握：

1. 能够将景别的变化熟练地运用于影视剪辑之中
2. 各种景别使用的具体含义

软件知识点：

1. 利用Adobe Premiere Pro CS6剪辑的基本方法
2. 剪辑中景别的应用

重点掌握：

1. 了解每种景别的具体含义
2. 掌握不同景别在情绪感染力和节奏方面的不同

Pr 模拟制作任务

任务1 利用淡出淡入效果制作转场特效

🖵 任务背景

"阿米尼"（EMMELLE）是欧洲流行品牌，尤其在英国更是家喻户晓。1985年，深圳中华自行车（集团）股份有限公司将"阿米尼"引进中国市场，它的独特风格和优异品质很快就广受欢迎。现在，"阿米尼"这一久经考验的名牌正以真正的实力深深吸引着国内外追求潮流和品质的消费者。

深圳中华自行车（集团）股份有限公司是1985年成立的一家以自行车生产经营为核心的集多元化、集团化、国际化于一体的外向型企业，其自行车年生产能力达280余万辆，电动自行车年生产能力达30余万辆，并通过了国际ISO9001-2000质量认证，现拥有"阿米尼"（EMMELLE）、"奇猛"（CHIMO）国际品牌。迄今为止，公司获得270多项荣誉：如"全国十大最佳合资企业"、"全国最大100家机电出口生产企业"、"中国500家最大工业企业"、"中国500家优秀民营企业（工业）"、"中国轻工企业200强"、"中国最大500家外商投资企业"。

深圳中华自行车（集团）股份有限公司不仅重视经济效益，更注重社会效益。由深圳中华自行车（集团）股份有限公司同国家体委共同组建的中国"大名"（DBR，Diamond Bike Racing，大名自行车比赛专用）山地车队，在1998年的曼谷亚运会、1999年的亚洲自行车锦标赛等比赛中取得金牌、铜牌的好成绩。

自1998年以来，全国少年自行车锦标赛均由深圳中华自行车（集团）股份有限公司赞助。深圳中华自行车（集团）股份有限公司这一举措为国家自行车队培养了大批优秀人才，彰显了公司振兴民族工业、倡导全民健身运动的企业文化精神，也充分体现了其产品卓越、技术精湛、性能完美、挑战无限的企业特色。

"中华"人将以更新的姿态，迎接未来的挑战！

🖵 任务要求

按品牌要求，以极限运动型自行车为主线做一则电视广告，主要强调自行车的高性能和品牌精神。

在画面剪辑方面，注意画面语言、景别的应用，以良好地体现主旨。

播出平台：多媒体、中央电视台及地方电视台
制式：PAL制式

🖵 任务分析

广告片取景于广袤的麦田，这是一种源自大自然的情感，将品牌的精神诉求融入大自然中。将车手高超的车技与大自然的无限美感结合在一起，以达到震撼人心的效果，进而强

调品牌的影响力。广告片的目标群体定位为年轻一代，是向往自由和渴望探索大自然的一群人。都市的年轻一族构成了自行车骑行的主力人群。他们成日被束缚在钢筋水泥的建筑森林中，对拥抱大自然、呼吸大自然有着绝对的向往，在看到广告片时会引发强烈的共鸣，升腾起购买的欲望。

因此，广告片以极限运动与大自然的结合来感染和打动都市年轻一族消费者的心，力图使他们对"阿米尼"品牌产品产生认同感和归属感。

1. 广告片大意

一组自行车极限运动的镜头配合广袤的自然背景，体现了爱好极限运动的年轻人利用"阿米尼"自行车完成的各种高难度动作，表达了"阿米尼"的品牌调性，强调活力、运动、超越自我。

2. 画面表现

镜头一：从左向右，车手表演空中技巧，镜头缓缓向前。

镜头二：车手正上方的镜头。

镜头三：远景，两位车手同时表演。

镜头四：俯拍车手的镜头。

镜头五：车手正下方的镜头，机位在麦田里。

镜头六：全景，从右向左，两位车手表演空中技巧。

镜头七：定格海报，字幕落版。

3. 广告语

运动生活，尽在阿米尼。

🖵 本任务掌握要点

如何挑选素材。

如何把握广告片的时间以及每个镜头的时间控制。

每个镜头运用怎样的景别来说明画面表达的主旨内容。

如何达到画面组接后的整体流畅。

技术要点：了解镜头剪辑的基本原理，熟知景别的运用与画面组接的关系

问题解决：深化理解画面组接的基本原理与景别的应用原理

应用领域：影视后期

素材来源：光盘:\素材文件\模块05\素材

作品展示：光盘:\素材文件\模块05\参考效果\阿米尼.f4v

操作视频：光盘:\操作视频\模块05

🖵 任务详解

新建工程文件并导入素材

STEP **01** 启动Adobe Premiere Pro CS6，欢迎界面如图5-1所示。单击"New Project"按钮，弹出"New Project"对话框，将"Name"设置为"阿米尼"。因为"阿米尼"素材是利用高清摄像机进行拍摄的，所以将"Capture Format"设定为"HDV"；在"Location"下拉列表中

选择存放项目的位置，本例中将项目存放在默认地址处；其余选项保持默认设置，单击"OK"按钮，如图5-2所示。

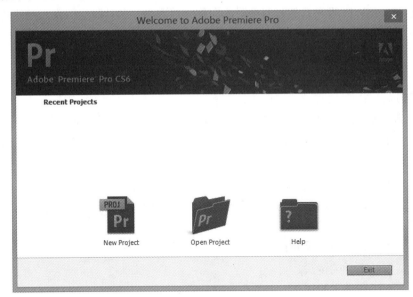

图5-1

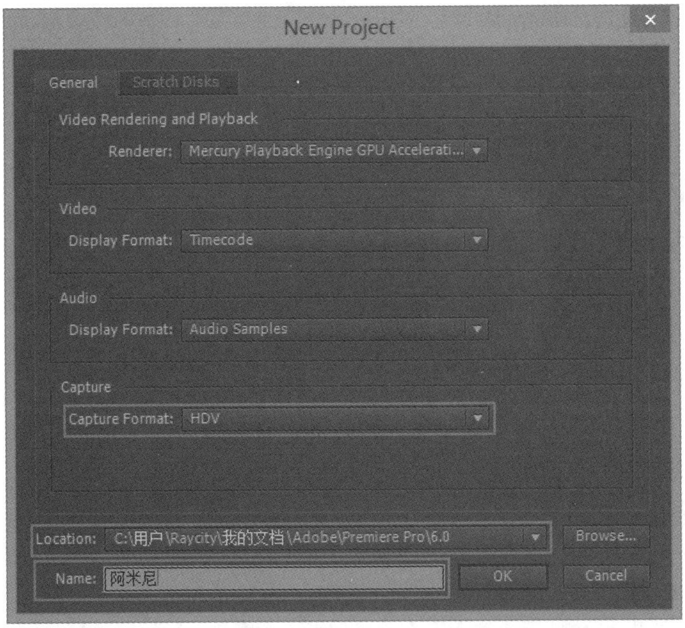

图5-2

STEP 02 进入"New Sequence"对话框，单击"DV-PAL"文件夹左边的三角形图标，展开"DV-PAL"文件夹列表，选择"Standard 48kHz"选项；在"Sequence Name"文本框中为序列命名，本例将序列重命名为"阿米尼"，如图5-3所示，单击"OK"按钮，进入Adobe Premiere Pro CS6操作界面。

STEP 03 执行"File"→"Import"命令，弹出"Import"对话框，选择"光盘:\素材文件\模块05\素材\序列"目录下的图像序列素材文件，然后将其直接导入至Adobe Premiere Pro CS6中。

导入图像序列前必须选中 "Import" 对话框下方的 "Image Sequence" 复选框，如图5-4所示，单击 "打开" 按钮，即可将序列素材导入至Adobe Premiere Pro CS6中。

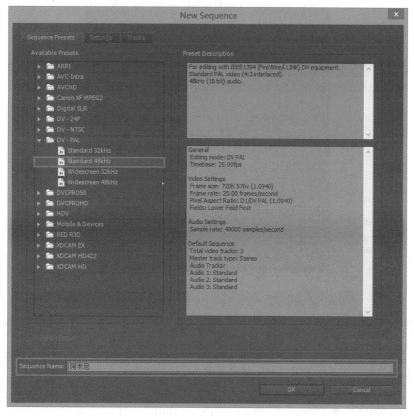

图 5-3

图 5-4

STEP 04 采用上述操作步骤，将"光盘:\素材文件\模块05\素材\序列"下所有文件夹中的图像序列素材文件导入至Adobe Premiere Pro CS6中，选中 "Import" 对话框下方的 "Image

Sequence"复选框，单击"打开"按钮，导入效果如图5-5所示。

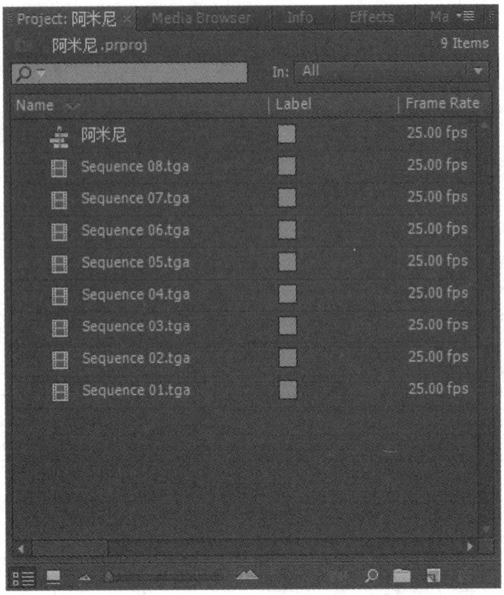

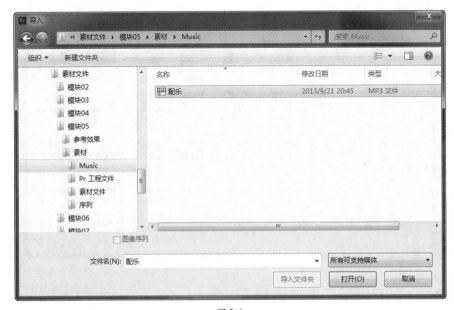

图5-5

📌 **提 示**

　　图像序列的命名是有一定规律的，在三维软件中渲染出的序列帧文件需要遵循这一规律，素材图像数量达到几位数就需要将其文件设置为几位数，如0001、0002、0003等。

STEP**05** 执行"File"→"Import"命令，弹出"Import"对话框，选择"光盘:\素材文件\模块05\素材\Music"目录下的素材文件"配乐.mp3"，如图5-6所示，将此音频素材文件导入至Adobe Premiere Pro CS6中。

图5-6

STEP 06 将所有素材导入至Adobe Premiere Pro CS6中后，将音频素材文件拖入到时间线音频轨道中，如图5-7所示。

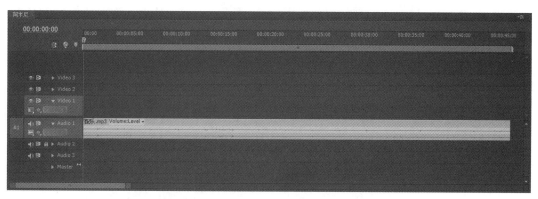

图5-7

画面剪辑

STEP 07 根据已经设定好的分镜头剧本要求，将"Sequence 01"素材拖动到"Video1"视频轨道中，作为广告片的首个镜头对其进行剪辑处理；根据音乐节奏与画面美感的需要，将素材的出点设置到00:00:06:23处，如图5-8所示。

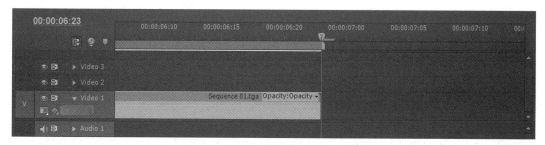

图5-8

STEP 08 根据已经设定好的分镜头剧本要求，将"Sequence 02"素材拖入到"Video1"视频轨道中，作为广告片的第二个镜头对其进行剪辑处理；"Sequence 02"素材的入点不进行剪辑处理，将其出点位置设置到00:00:01:21，如图5-9所示，将其入点位置与上个镜头的出点位置相接，如图5-10所示。

图5-9

图5-10

STEP 09 根据已经设定好的分镜头剧本要求,将"Sequence 03"素材拖入到"Video1"视频轨道中,作为广告片的第三个镜头对其进行剪辑处理,将"Sequence 03"素材的出点位置设置到00:00:01:19处,如图5-11所示,并将其入点位置与上个镜头的出点位置相接,如图5-12所示。

图5-11

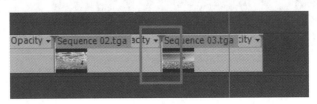

图5-12

STEP 10 根据已经设定好的分镜头剧本要求,将"Sequence 04"素材拖入到"Video1"视频轨道中,作为广告片的第四个镜头对其进行剪辑处理,保持"Sequence 04"素材的入点位置不变,将其出点设置到00:00:07:20处,如图5-13所示。

图5-13

STEP 11 对素材进行浏览时发现素材播放速度过快,不符合音乐的节奏,可以通过更改设置调整播放速度。在时间线轨道的"Sequence 04"素材上单击鼠标右键,在弹出的菜单中执行"Speed/Duration"命令,如图5-14所示。

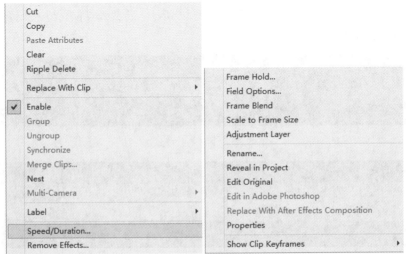

图5-14

提 示

可以调整 "Speed" 的比例控制，在快速过滤某一镜头时通常使用该方法，但是一般不对素材进行拉伸，以避免使素材出现跳帧的情况，令画面看起来不流畅。

STEP 12 执行 "Speed/Duration" 命令后，弹出 "Clip Speed/Duration" 对话框，将 "Speed" 数值设置为60%，如图5-15所示；将 "Sequence 04" 的入点位置与上个镜头的出点位置相接，如图5-16所示。

图5-15

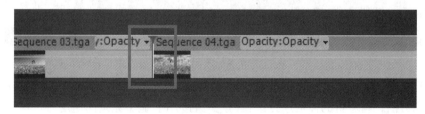

图5-16

STEP 13 根据已经设定好的分镜头剧本要求，将 "Sequence 05" 素材拖入到 "Video1" 视频轨道中，作为广告片的第五个镜头对其进行剪辑处理；将 "Sequence 05" 素材的出点位置设置到00:00:07:03处，如图5-17所示，并将其入点位置与上个镜头的出点位置相接，如图5-18所示。

图5-17

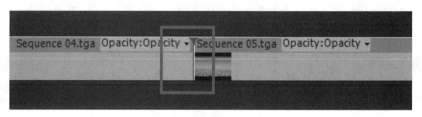

图5-18

STEP **14** 根据已经设定好的分镜头剧本要求,将"Sequence 06"素材拖入到"Video1"视频轨道中,作为广告片的第六个镜头对其进行剪辑处理;"Sequence 06"素材的入点不进行剪辑处理,将其出点位置设置到00:00:03:09处,如图5-19所示,并将其入点位置与上个镜头的出点位置相接,如图5-20所示。

图5-19

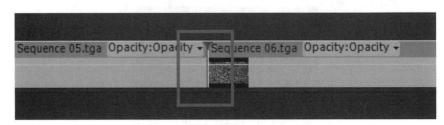

图5-20

STEP **15** 根据已经设定好的分镜头剧本要求,将"Sequence 07"素材拖入到"Video1"视频轨道中,作为广告片的第七个镜头对其进行剪辑处理;"Sequence 07"素材的入点不进行剪辑处理,将其出点位置设置到00:00:06:23处,如图5-21所示。

图5-21

STEP **16** 浏览素材时发现素材的播放速度过快,与音乐的节奏不符合,可按照与设置第四个镜头相同的方法,将素材的播放速度设置为之前的60%。调整完画面速度后,将该素材的入点位置与上个镜头的出点位置相接,如图5-22所示。

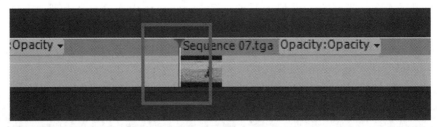

图5-22

STEP **17** 根据已经设定好的分镜头剧本要求,将"Sequence 08"素材拖入到"Video1"视频轨道中,作为宣传片的第八个镜头对其进行剪辑处理;"Sequence 08"素材的入点不进行剪辑处理,将其出点位置设置到00:00:04:09处,如图5-23所示。

图5-23

STEP 18 浏览素材时发现素材的播放速度过快，与音乐的节奏不符合，可按照与设置第四个镜头相同的方法，将素材的播放速度设置为之前的60%。调整完画面速度后，将该素材的入点位置与上个镜头的出点位置相接，如图5-24所示。

图5-24

广告片的字幕落版需要导入After Effects CS6中进行制作，在这里就不做详细介绍了。

通过以上操作，将本次广告片拍摄的素材按照预先做好的分镜头剧本进行编排和调整，广告片的基本结构就展现出来了。但是同电视上播出的效果还相距甚远，这是由于在剪辑完成之后需要对画面的色彩、转场效果进行后期加工，这些工作需要借助After Effects CS6进行后期处理。

知识点1 新建项目自定义设置

　　我国国内使用的电视制式是PAL制式，为了使视频和播出的频道制式相一致，在设置新建项目时在"New Sequence"对话框中，单击"DV-PAL"文件夹左边的三角形图标，展开"DV-PAL"文件夹列表，选择"Standard 48kHz"选项。在"New Sequence"对话框中，还可以选择"ARRI"、"AVCHD"、"XDCAM HD422"、"Digital SLR"、"DV-24P"、"DV-NTSC"、"AVC-Intra"、"DVCPRO50"、"DVCPROHD"、"RED R3D"、"Canon XF MPEG2"、"HDV"、"XDCAM HD"、"XDCAM EX"、"Mobile&Devices"等不同的制式对应素材的制式，如图5-25所示。素材基本制式的设置是十分重要的，只有设置正确制式，制作出来的影片才能在相应的媒介上播放。设置正确的素材基本制式，是顺利完成工作的前提。

图5-25

 提　示

　　我国电视制式是以PAL制式为基础的，但中央电视台和浙江卫视等电视台已经全面覆盖高清信号，所以制作的广告片或影片一定要先确认播出平台然后再进行制作。

在制式的设置中有时还会遇到下面的情况，如需要的某些制式要求在对话框中无法找到，那么就需要对其制式进行自定义处理。在"New Sequence"对话框中单击上方的"Settings"选项卡，将"Editing Mode"设置为"Custom"，如此一来就能够对视频素材的参数进行调整更改了，用户也可以根据自己的需要对预设值进行设置，如图5-26所示。

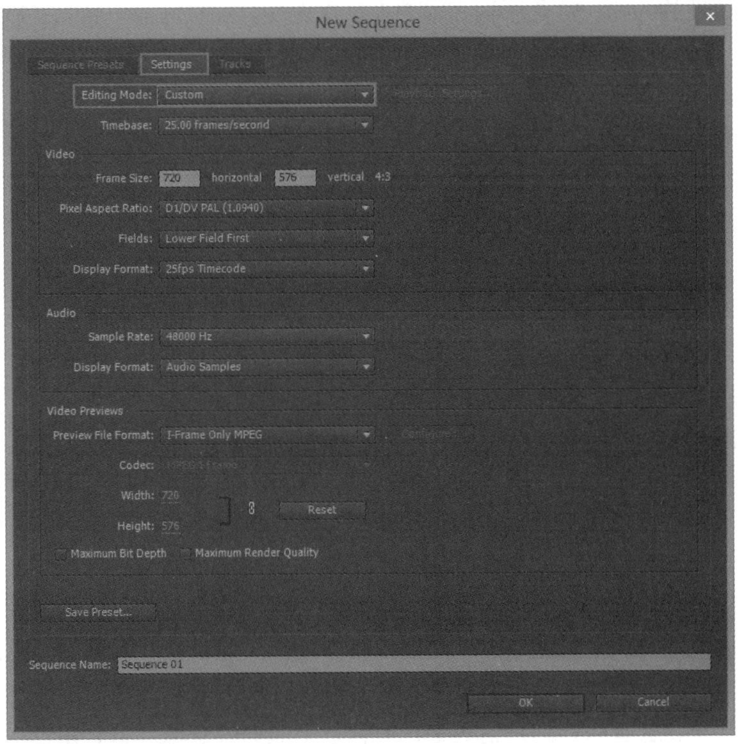

图5-26

知识点2　景别

景别通常可以分为五种，分别为特写、近景、中景、全景、远景，通过运用不同景别的转换组接来描述影片中的故事情节。

1. 景别的定义

景别主要是指由镜头与被摄对象距离的远近所形成的视野大小的区别。由于摄像机与被摄对象之间距离的远近不同，从而造成画面中形象的大小不同，取景区域、画面范围也就不同。景别的大小还同摄影的焦距有关。焦距变动，视距相应发生远近的变化，取景范围也就发生大小的变化。

2. 景别的意义

景别的意义有以下三点。

（1）景别是视觉语言最基本的表达形式

在看电影时，对于看到的每一个画面的第一反应首先是这个画面的拍摄角度和位置，其次才是画面的内在内容，也就是首先辨别画面是以一个什么样的景别进行拍摄的，因此，景别是视觉语言中最为基本的表达形式。

（2）景别是对画面空间的表达

电影艺术不仅仅是对时间的艺术控制，同时也是对空间的艺术控制。利用景别可在二维空间中表现三维立体感，即：通过对摄像机的焦距控制和对摄像机机位的调整产生景别的变化，形成三维的视觉概念。以三维的表现力拉近与观众的距离，增强画面的感染力，从而引起观众内心深处的共鸣，这是影视艺术的高层次表现。如果画面一味只是以二维的形式表现，那会大大降低画面的感染力和观众的参与度，同时限制了画面的空间，视觉语言也变得很枯燥。

（3）景别是画面节奏变化的形成方式

在观看电影时，时常会随着剧情的变化而紧张或轻松，随着剧情的浪漫发展而感动，这是为什么呢？前面讲解了通过景别的变化能够制造空间感，拉近与观众的距离，增强画面的感染力和表现力，但景别的作用并不仅于此，还有很重要的一点是，画面的节奏能够带动观众的感受。美剧《越狱》风靡全球，一到危难时刻，画面的节奏就急促起来，这起到了非常重要的渲染气氛的效果。因此，对景别节奏的控制也是需要拍摄者考量的因素，它能够引导观众跟随拍摄者的思路，去更好地理解和认识影片。

3. 景别的划分

景别大致分为远景、全景、中景、近景和特写五种，但在实际拍摄中并没有这么死板，更多的是根据画面的需要或是表现力的需要来进行更为细致的划分。不同的景别有不同的功能，每个景别的镜头所存在的画面的时间也是不同的。

（1）远景

远景通常展现的是广袤的区域，多用于俯视角度，一般是交代画面的地点、地貌等一些大的时代或环境背景。它的取景范围最大，适宜表现辽阔的自然景色、壮烈的场景、浓郁的气氛、雄壮的气势，具有强烈的抒情效果，能营造出深邃的意境。主要角色在远景的画面中显示得比较小，也可以是单纯的没有角色的环境，如图5-27所示。

图5-27

（2）全景

全景通常被用来表现被摄对象的全貌及其所处的环境。被摄对象可以是一个，也可以是多个，在画面中占的比例较大，可能占满整个屏幕。和远景相比，全景有比较明确的中心，范围的大小总是与主体对象有关，如以建筑为主体的全景要比以一个人为主体的全景取景范围大，但对于被摄主体来说都是全景，如图5-28所示。

图5-28

（3）中景

中景通常被用来表现人物膝盖以上的部分，此景别中人物所占空间的比例较大，被摄对象的主体形象和环境不是镜头表达的中心，重要的是情节和动作。观众能看清人物的上半身形体动作，并能够比较清楚地观察到人物的神态表情，从而理解到人物的内心情绪。因为中景的叙事性比较强，影片中重要的角色关系、行为、情节等一般都是在中景中完成的，中景也是使用较多的基本景别，如图5-29所示。

图5-29

（4）近景

近景通常被用来表现人物胸部以上的部分。此景别中人像占据大部分画面空间，环境变得零碎而模糊。观众的注意中心往往在人物的形象和面部表情上，所以常用来表现人物的感情或心理活动，如图5-30所示。

近景是影视作品中大量运用的景别，适宜对人物的音容笑貌、仪表形态、衣着服饰等进行刻画，突出人物的神情和重要的动作，也可用来突出某些景物。

图5-30

（5）特写

特写通常被用来表现人物肩部以上的部分，或者物体的细小局部。与近景相比，特写更重视揭示内在的动感，通过细微之处看本质。特写镜头用于拍摄角色的面部时，角色的表情得到了强化，从而更有力地刻画出角色的性格、情绪、心理等；在表现事物时，用于拍摄事物最具特征的关键部位，以表达深邃的情感。特写就像音乐的重音，在拍摄特写时主要抓取一些重要的局部，从而引起观众的共鸣。它是时间最短也最有感染力的景别，如图5-31所示。

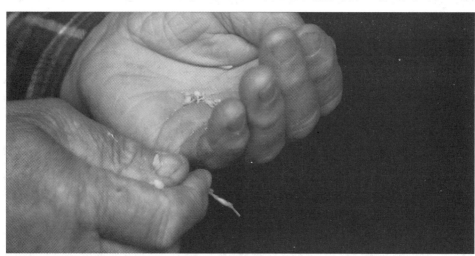

图5-31

Pr 独立实践任务

任务2　利用阿米尼序列帧编辑制作特殊转场效果

🖥 任务背景

　　人们在快节奏的生活中深深意识到身体健康的重要性，于是在国内许多城市都兴起了自行车运动的风潮。大批都市男女脱下制服，穿上运动装，背着背包，骑上自行车，倡导绿色出行的生活态度，并渐渐影响着越来越多的人。

🖥 任务要求

　　按品牌要求，以极限运动型自行车为主线制作一则电视广告，主要强调自行车的高性能和品牌精神。

　　在画面剪辑方面，注意画面语言、景别的应用，以良好地体现主旨。

影片长度：30秒
播出平台：多媒体
制式：PAL制式

🖥 本任务掌握要点

技术要点：充分认识画面主旨，选择正确的景别进行素材的搭配
问题解决：根据景别内容，在制作中牢记景别使用的特性与方法
应用领域：影视后期
素材来源：光盘:\素材文件\模块05\素材\序列
作品展示：无

🖥 任务分析

_____

_____

_____

_____

_____

🖵 主要操作步骤

一、单选题

1. 在景别中时间最短的是（　　）。

　　A. 远景　　　　　　　　　　　B. 全景

　　C. 近景　　　　　　　　　　　D. 特写

2. 不同的景别可以起到不同的作用，其中在剪辑过程中能够表现出画面的逻辑连接关系，能够很好地阐明画面中人物同人物间故事的发展关系的景别是（　　）。

　　A. 远景　　　　　　　　　　　B. 全景

　　C. 中景　　　　　　　　　　　D. 近景

二、多选题

1. 景别的意义是（　　）。

　　A. 作为视觉语言最基本的表达形式

　　B. 对画面空间的表达

　　C. 导演和摄像师控制画面效果的唯一手段

　　D. 画面节奏变化的形成方式

2. 下列哪些属于特写的作用？（　　）

　　A. 交代人物间的关系

　　B. 集中观众的注意力

　　C. 用以显示屏幕外人物的反应

　　D. 对重要事件、内容进行视觉注释

3. 假设有三个序列，序列B含有序列A，序列C含有序列A、B，那么下面描述正确的有（　　）。

　　A. 序列B不可以嵌套在序列A中

　　B. 序列B可以嵌套在序列A中

　　C. 序列C不可以嵌套在序列B中

　　D. 序列C可以嵌套在序列B中

三、填空题

1. 景别的定义是＿＿＿＿＿＿＿＿＿＿＿＿＿＿＿＿＿＿＿＿＿＿＿＿＿＿＿＿＿。

2. 景别可分为＿＿＿＿＿＿、＿＿＿＿＿＿、中景、＿＿＿＿＿＿、＿＿＿＿＿＿。

3. 景别是作为＿＿＿＿＿＿最基本的表达形式。

学习心得

模 块
06 魅力上海宣传片

任务参考效果图：

能力掌握：

将素材按照脚本的顺序拼接起来，独立剪辑一个没有旁白和音乐的版本

软件知识点：

1. 利用图标视图设定故事板
2. 向序列中自动添加素材

重点掌握：

1. 初识蒙太奇
2. 掌握影片语言要素的应用

Pr 模拟制作任务

任务1　魅力上海宣传片初剪

📺 任务背景

　　上海，简称"沪"或"申"，是中华人民共和国的直辖市之一，也是繁荣的国际大都市。上海地处长江入海口，东向东海，南濒杭州湾，西与江苏、浙江两省相接，以上海为中心共同构成中国最大的经济区——"长三角经济圈"。上海拥有深厚的近代城市文化底蕴和众多历史古迹，江南的吴越传统文化与各地移民带来的多样文化相融合，形成了特有的海派文化。

　　上海是中国最著名的工商业城市和国际都会，是全国最大的综合性工业城市，也是中国的经济、交通、科技、工业、金融、贸易、会展和航运中心。GDP总量居中国城市之首，在亚洲仅次于东京和大阪。上海港货物吞吐量和集装箱吞吐量均居世界第一，是一个良好的滨江滨海国际性港口。目前上海正致力于在2020年建成国际金融、航运和贸易中心。

📺 任务要求

　　上海是一个高度国际化的城市，全年外籍旅游接待量居中国大陆第一，近几年专利的申请量以及授权量居全国城市首位。上海一直致力于国际旅游城市的建设，2010年全年，上海的国际旅游外汇收入居全国各大城市首位；在2011年最新一期全球摩天城市（The World's Best Skylines）排行中，上海排名全球第三，仅次于香港、纽约；上海迪士尼乐园也将于2015年开放。

　　本片要充分反映上海在人文、历史、经济、文化等各方面的发展和所取得的成就，向全世界展示上海人文与自然环境的和谐风貌。

> 播出平台：多媒体、中央电视台及地方电视台
> 制式：PAL制式

📺 任务分析

　　根据任务要求，整理宣传片剪辑制作的大致思路及框架后，决定用核心词语"传承、典雅、发展"将全片分为三个章节，充分表达出上海的人文、风光和经济建设等内容。

　　（1）传承

　　上海的历史最早可以追溯到商末泰伯奔吴的时候，海上吴韵三千载，以一个文明烙印的姿态被永久地流传下来。通过特色小吃和风景古迹来充分表现上海的传统文化积淀。

　　（2）典雅

　　通过展现上海的文化底蕴与人文艺术，彰显上海独有的魅力。

　　（3）发展

　　自由开放的环境吸引了全国乃至全世界多元文化的大量涌入。至20世纪初，上海已经成为当时中国的经济文化中心以及亚洲的金融贸易中心。

本任务掌握要点

考虑到播放的环境，作为国际交流宣传片，本片没有使用一句解说词，主要通过音乐与画面来传达主题。因此，本片对影视剪辑的要求相对较高，要求充分利用镜头语言，使全片达到结构严整、条理通畅、画面生动、节奏鲜明的效果，从而增加宣传片的内在含义，进而增强其艺术感染力。

根据剪辑制作思路，在Adobe Premiere Pro CS6中，将素材按顺序在序列中拼接起来，将主题完全通过画面镜头来表现。

技术要点：设定故事板，自动添加序列

问题解决：利用Adobe Premiere Pro CS6的图标显示方式设定故事板，并将素材添加至序列中

应用领域：影视后期

素材来源：光盘:\素材文件\模块06\素材

作品展示：光盘:\素材文件\模块06\效果参考\魅力上海宣传片.f4v

操作视频：光盘:\操作视频\模块06

任务详解

创建并设置项目工程

STEP 01 启动Adobe Premiere Pro CS6，欢迎界面如图6-1所示。

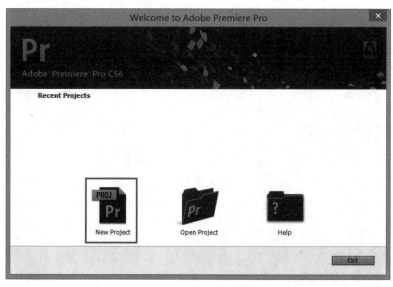

图6-1

STEP 02 单击"New Project"按钮，弹出"New Project"对话框。在"General"选项卡的"Name"文本框中输入"魅力上海宣传片"；在"location"文本框中显示出新项目文件的存储路径，单击"location"文本框右边的"Browse"按钮，可改变新项目文件的存储路径。本例中将项目文件存放在默认地址中，单击"OK"按钮完成设置，如图6-2所示。

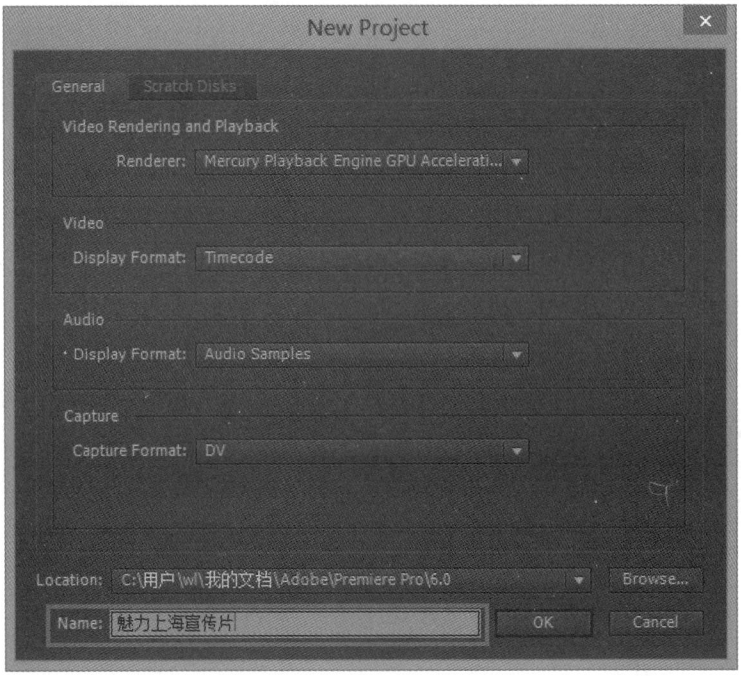

图6-2

STEP 03 弹出"New Sequence"对话框,在"Sequence Presets"选项卡中单击选择"DV-PAL"文件夹中的"Widescreen 48kHz"格式;再在"Sequence Name"文本框中确认序列名称,如图6-3所示,单击"OK"按钮,进入Adobe Premiere Pro CS6的操作界面,如图6-4所示。

图6-3

图6-4

导入素材

STEP 04 创建项目文件后，将整理好的素材导入"Project"面板。执行"File"→"Import"命令，弹出"Import"对话框。在"Import"对话框中，对素材文件夹中的素材进行选取，按住Ctrl键选择所有"魅力上海宣传片"相关素材，然后单击"打开"按钮，将选择的素材导入到"Project"面板中，如图6-5所示。

Name	Label	Frame Rate	Media Start	Media End
Sequence 01		25.00 fps		
SH-01.mpg		25.00 fps	00:00:00:00	00:00:08:15
SH-02.mpg		25.00 fps	00:00:00:00	00:00:02:13
SH-03.mpg		25.00 fps	00:00:00:00	00:00:01:20
SH-04.mpg		25.00 fps	00:00:00:00	00:00:01:08
SH-05.mpg		25.00 fps	00:00:00:00	00:00:04:08
SH-06.mpg		25.00 fps	00:00:00:00	00:00:02:24
SH-07.mpg		25.00 fps	00:00:00:00	00:00:02:02
SH-08.mpg		25.00 fps	00:00:00:00	00:00:03:07
SH-09.mpg		25.00 fps	00:00:00:00	00:00:08:18
SH-10.mpg		25.00 fps	00:00:00:00	00:00:05:06
SH-11.mpg		25.00 fps	00:00:00:00	00:00:05:11
SH-12.mpg		25.00 fps	00:00:00:00	00:00:01:23
SH-13.mpg		25.00 fps	00:00:00:00	00:00:08:03
SH-14.mpg		25.00 fps	00:00:00:00	00:00:03:07
SH-15.mpg		25.00 fps	00:00:00:00	00:00:03:08
SH-16.mpg		25.00 fps	00:00:00:00	00:00:02:16
SH-17.mpg		25.00 fps	00:00:00:00	00:00:03:01
SH-18.mpg		25.00 fps	00:00:00:00	00:00:02:08
SH-19.mpg		25.00 fps	00:00:00:00	00:00:01:17
SH-20.mpg		25.00 fps	00:00:00:00	00:00:02:01
SH-21.mpg		25.00 fps	00:00:00:00	00:00:01:23

图6-5

利用素材管理箱有效管理素材

STEP**05** 导入"魅力上海宣传片"相关素材后，执行"File"→"New"→"Bin"命令，创建素材管理箱，如图6-6所示。

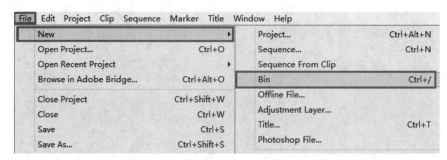

图6-6

📌 **提 示**

可以通过拖动的方式，将素材直接拖进Bin（素材管理箱）中，为Bin（素材管理箱）重新命名对于剪辑较多的素材会有很大帮助。通过梳理镜头，将不同的素材按照镜头顺序进行分类整理。

STEP**06** 在按钮▦上单击鼠标右键，在弹出的快捷菜单中执行"Rename"命令，对文件夹进行重命名，如图6-7所示。

图6-7

STEP 07 根据之前"魅力上海宣传片"的剪辑制作思路，建立三个同级的素材管理箱，分别为"传承"、"典雅"和"发展"，并通过创建的素材管理箱整理"Project"面板中的所有素材，如图6-8所示。

图6-8

利用"Project"面板图标的视图显示模式设定故事板

STEP 08 双击"传承"素材管理箱，显示出新面板，如图6-9所示。单击新面板中底部的图标视图按钮■，切换到图标显示模式，以缩略图的形式显示素材，如图6-10所示。

STEP 09 选择"传承"素材管理箱内的素材，更改素材的预览区域。根据宣传片的设计安排，用拖曳的方式调整素材的顺序，从而设定出宣传片"传承"的章节。在选定需要调整位置的素材后，按住鼠标左键拖动素材到需要的位置，如图6-11所示。

STEP 10 素材的顺序调整完后，Adobe Premiere Pro CS6会自动整理素材，消除素材缩略图之间的空隙，使故事板显得更加紧凑。

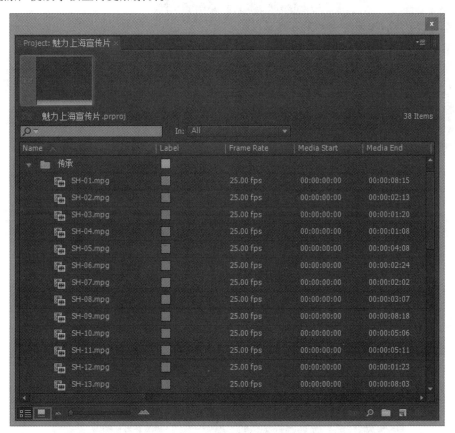

图6-9

图 6-10

图 6-11

向序列中自动添加素材

STEP 11 利用Adobe Premiere Pro CS6的"自动添加到序列"功能，快速地整合设定故事板的素材并进行初剪。在清理完故事板后，按Ctrl+A组合键全选"传承"素材管理箱中的素材，在"Project"面板的右下方单击自动添加到序列按钮，在弹出的"Automate To Sequence"（自动添加到序列）对话框中设置素材的添加方式、排列顺序以及转场等参数，如图6-12所示，设置完毕后单击"OK"按钮，所选素材便自动按故事板的顺序被添加到序列中。

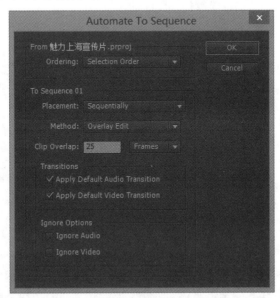

图6-12

🖈 **提 示**

需要注意，"Sequence"面板中时间线指示器所在的位置将被默认为素材排列的起始位置，如果"Sequence"面板中有素材，则在该帧上进行裁剪。

知识点1　素材管理箱的操作

　　利用鼠标双击素材管理箱，能够使其以浮动面板的形式显示，如图6-13所示，其操作方法与"Project"面板相同。

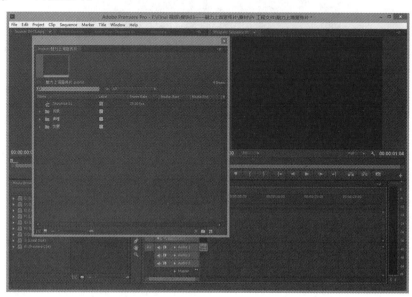

图6-13

　　按住Ctrl键双击素材管理箱，即可在当前面板中将其打开。

　　按住Alt键双击素材管理箱，即可在当前面板的新标签栏中将其打开，如图6-14所示。

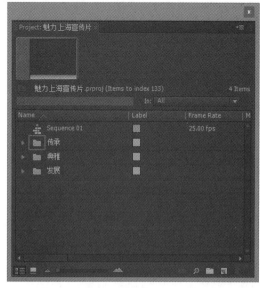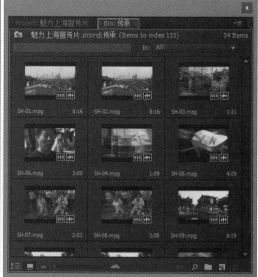

图6-14

知识点2 "Project"面板的显示方式

在"Project"面板中存在着两种显示方式，一种为图标视图，另一种为列表视图。列表视图显示内容的详细信息参数，而图标视图显示的是图像素材的一帧画面或是音频素材的波形形状，用户可以定义自己需要或是喜欢的显示方式。

在"Project"面板中单击下方的列表按钮，面板中的素材将以列表的形式呈现，如图6-15所示；如果单击"Project"面板下方的图标按钮，素材则以图标的形式显示，如图6-16所示。

图6-15

图6-16

选择列表视图显示时，可以自定义选择素材显示的参数项，在"Project"面板的弹出式菜单中执行"Metadata Display"（元素显示）命令，弹出"Metadata Display"对话框，在对话框中选择需要显示的属性，单击"OK"按钮，之前选中的显示选项将出现在"Project"面板中。同理，如果不需要显示某项属性，可以调出"Metadata Display"对话框，取消选择某项属性，单击"OK"按钮，如图6-17所示。

当"Project"面板中以列表形式显示素材时，能够通过拖曳属性栏、名称栏等，更改栏目的先后排列顺序。

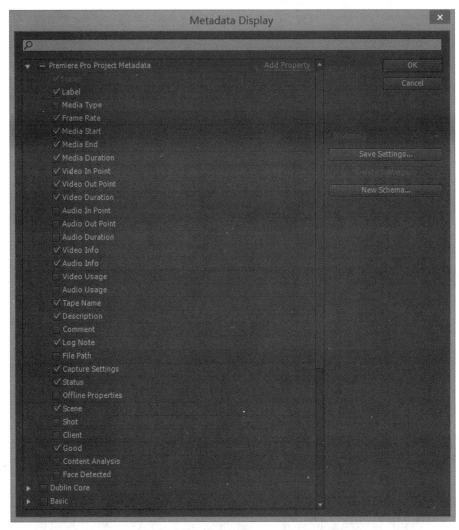

图6-17

知识点3 缩略图预览

在"Project"面板的上方提供有缩略图，在其中可以预览观察素材的基本情况，同时缩略图旁显示有该素材的基本信息。单击缩略图预览区域的播放按钮，即可对素材进行预览观察，也可以拖动底部的滑块对素材进行选择性预览。要将素材中的某一帧作为素材的缩略图进行显示，只需单击左侧的照相按钮 ，即可将此帧画面作为该素材的缩略图。

在"Project"面板的弹出式菜单中执行"View"→"Preview Area"命令，选择是否显示预览区域。

知识点4 影视理论基础概述

1.影视剪辑中蒙太奇手法的运用

从某种程度上说，电影是剪辑的艺术。蒙太奇是影视剪辑的重要术语，通俗地讲，蒙太奇就是剪辑，是电影创作过程中的剪辑组合，是一种重要的影视艺术表现手法，所以剪辑视频必须要理解蒙太奇的涵义及表现形式。剪辑的原则和技巧有很多，影视的一切内容都建立在时间与空间的概念上，对电影时间与空间的概念了解得越多，对视听语言的总体把握就越好。

> **提 示**
>
> 蒙太奇是法语"montage"的中文译音，原为建筑学术语，意为"构成、装配、安装、组合"。衍生到电影领域，即指画面、镜头、声音的组织结构方式，是电影创作的主要叙述手段和表现手段之一。现在"蒙太奇"一词成了世界电影、电视中通用的语言。

电影和电视之所以能通过画面说话，成为讲述故事的叙述艺术，是因为它们具有一种最基本的构成手段——蒙太奇。

从剪辑的发展过程来看，剪辑是电影技术不成熟初期出现的名词，更多的是"剪"的技术要求，不同于现在的非线性剪辑工作。初期的剪辑仅仅是将拍摄的胶片取下来用剪刀对胶片手动剪辑，然后再将需要的部分进行粘贴。旧时代的剪辑工作对技术的要求十分严格，剪胶片必须精准，粘贴得严丝合缝，不能出现跳帧问题。这里的蒙太奇指的是粘接胶片的技术。

电影发展初期，影片是由摄影师单独完成的。随着电影发展的逐渐成熟，科学技术的不断发展，电影成为一种综合性创造艺术，这才有了制片、摄影、导演等的分工。后来，剪辑工作逐渐专业化并设有专门的部门，由专业人员来担任和掌握剪辑工作。到20世纪中期，剪辑工作逐渐成为电影生产、创作中一个独立的专业部门。

蒙太奇通常包含了两个方面，即画面剪辑和画面合成。画面合成指的是制作这种组合方式的艺术表现或过程。画面剪辑是指由许多画面或图样并列、叠加、递增、递减，从而形成一个具有统一的剪辑画面的作品。

蒙太奇，是从不同距离和角度，将一系列在不同地点以不同方法拍摄的镜头排列组合起来，以叙述情节、刻画人物。但当不同的镜头被组接在一起时，往往会产生各镜头单独存在时所不具有的含义。前苏联电影导演爱森斯坦认为，将队列镜头组接在一起时，其效果"不是两数之和，而是两数之积"。凭借蒙太奇的作用，电影享有时空上的极大自由，甚至可以构成与实际生活中的时间、空间并不一致的电影时间和电影空间。蒙太奇可以产生演员动作和摄像机动作之外的第三种动作，从而影响影片的节奏。

蒙太奇学派出现在20世纪20年代中期，当时是以前苏联电影导演爱森斯坦、库里肖夫、普多夫金为代表。他们力求探索新的电影表现手段，以表现新时代的革命电影艺术。他们的探索主要集中在对蒙太奇的实验与研究上，库里肖夫和爱森斯坦强调两个不同镜头的对立或撞击会产生新的含义，这是他们对蒙太奇理论做出的重要贡献。其他人如普多夫金发展了叙事蒙太奇，这批人是20世纪20年代前苏联先锋主义电影美学探索的中坚力量，在蒙太奇理论的创建和运用上贡献卓越。他们创立了电影蒙太奇的系统理论，并将理论的探索用于艺术实践，构成了著名的蒙太奇学派。

从1927年起，电影有了声音，从创作到理论都发生了一次极大的震动。声音不再是单纯的视觉的解释，这使得电影能够更逼真地反映生活，原来在默片中许多合理的假定性的东西，以及创作者直接用来表达自己见解的方法，都不再适用了，这使得当时有不少著名的电影艺术家，有一段时间都对有声电影抱怀疑态度，而理论上也有人否认有声电影。

有人以为蒙太奇是无声电影的产物，在有声电影的土壤中已经没有生存的空间。但事实证明，有声虽然限制了某些蒙太奇方法的运用，可是电影从单纯的视觉艺术变为视听艺术，银幕上的人物成为可见又可闻的完整形像，这大大地扩大了蒙太奇的用武之地。从此，蒙太奇不再只是画面与画面的关系，进而又有了声音与声音、声音与画面的关系。

而所谓声音，包括人声、自然音响与音乐等。人声里又包括台词、解说词、内心独白以及人群的杂声。因此，画面与声音的结合涉及画面与人声、自然音响、音乐的各种结合，声音与声音的结合则涉及这种种声音之间的结合。由于这种复杂性，使电影的声音构成和声画构成产生了无限丰富的变化，为视听艺术打开了无限广阔的新天地。

现在蒙太奇的定义是，在影片的制作中导演按照剧本或影片的主题思想分别拍摄许多镜头，然后再按所要表现的形式，通过把这些不同的镜头有机地艺术地组织、剪辑在一起，使之产生逻辑、对比、衬托、联想等联系，以及快慢不同的节奏，从而创作出更为深层次的对社会生活和思想感情的述说，最终形成为广大观众所理解和喜爱的影片。在连接镜头的场面和段落时，根据不同的变化幅度、不同的节奏和不同的情绪需要，可以选择使用不同的连接方法，如淡化、划切、圈入、圈出、推拉、反转等。总而言之，拍摄什么样的镜头，将什么样的镜头排列在一起，用什么样的方法连接排列在一起的镜头，创作者解决这一系列问题的方法和手段，就是蒙太奇。

2. 构成影片语言的要素

蒙太奇可以产生演员动作和摄像机动作之外的第三种动作，从而影响影片的节奏和叙事方式。蒙太奇是一种符合人们观察客观世界时的体验和内心映像的表现手段。构成蒙太奇的元素有很多。

(1) 镜头逻辑

在通过镜头的组接表现或是诉说一件事情时，不能只使用一个镜头拍摄，需要通过不同的镜头来观察和叙述事情的发展态势。但如何将镜头进行组接，以及镜头组接的内在逻辑关系，是在剪辑过程中需要思考的。

这种蒙太奇片段的镜头运用与组接方法，又往往因观察者具有不同的心理状态而异。电影艺术家正是依据人们在不同情况下具有不同的心理状态这一特点，去安排构成影片的某些镜头。组接景别的方式有多种，但将特写、近景、中景、全景和远景组接得能够表达内心感受，从而使观众感同身受，这需要把观众作为一个假想的观察者来运用摄像机的镜头，并借此把观众的注意力连续不断地引向剧情发展的各个因素。

蒙太奇的运用需要在日常生活中对事物多观察，慢慢地积累经验，以符合一般正常人的生活规律和思维逻辑。只有这样，影片的语言才会顺当、合理，才能为观众所理解，才有可能使他们被感动。

（2）镜头的组接与受众

主体运动、镜头的长短和组接所形成的轻重缓急，构成了一种节奏感，蒙太奇是形成影视作品节奏感的重要组成部分。有时只用二三格连续交叉的剪接，即可获得让人眼花缭乱、速度快、节奏强的艺术效果，产生一种紧张热烈的感觉。

除动作富有强烈的节奏感之外，在情绪镜头的衔接中也蕴涵着节奏。有时它像疾风骤雨，有时它又给人一种小溪流水一样缓慢、舒畅的感觉，这就是通过对镜头的组接对观众感受产生的影响。因为艺术是相通的，电影也是一种设计，完成的作品是给观众看的，自己所阐述的观点要得到观众的共鸣，这样才能算得上是一件合格的作品。

一般来说，用切换镜头的频率比较高的方式表现一个安静的场面，会产生突兀的效果，使观众感觉跳动太快；但在使观众激动的场面中，把切换的速度加快，便能适应观众快节奏的心理要求，从而加强影片对观众的感染力。如表现车祸时，一位旁观者在这种突发事件中有一种急于了解事件进程的内心要求，导演将精选的各个片段以短促的节奏剪接在一起，便可适应观众的内心节奏，这种蒙太奇节奏是恰如其分的。

节奏活动的形式跟各种生理过程，如心脏的跳动、呼吸等都有关系，而构成影片节奏的基础是情节发展的强度和速度，特别是人物内心动作的强度和速度尤其重要。节奏取决于每个镜头的相对长度，而每个镜头的长度又有机地取决于该镜头的内容。

提 示

蒙太奇的独特节奏可以表达情绪，但不能仅仅依靠蒙太奇的速度影响观众的情绪。蒙太奇的速度是由场面的情绪和内容决定的，只有使剪接的速度同场面的内容相适应，才能使速度的变换流畅，使影片的节奏鲜明。

（3）联想与概括

通过蒙太奇的联想表现手段，使电影的叙述在时间、空间的运用上取得极大的自由。对几个简单镜头的组接，就可以在空间上从香港跳到柏林，也可以在时间上跨越几十年甚至穿越到几千年前。蒙太奇的大胆运用，使电影能够大大压缩生活中实际的时间，也就是形成俗称的"电影的时间"，一部电影里有着自己对时间和空间的运动节奏，但却并没有给人以违背生活中实际时间的感觉。

蒙太奇还有两个重要作用：一是通过镜头更迭运动的节奏来影响观众的心理感受，二是使影片自如地交替使用叙述的角度。

3. 蒙太奇的表现形式和类型

无论是纵向的叙事功能还是横向的表意功能，都需要在具体的蒙太奇形态中展现。蒙太奇的名目繁多，迄今为止没有明确的规范和分类，几乎每个电影艺术家和理论家都有自己的看法和见解。综合各家之言，这里还是按叙事功能和表意功能将其分为叙事蒙太奇和表现蒙太奇两大类。

值得注意的是，表现蒙太奇是为了某种艺术表现的需要，而不是为了叙事。因为它不是以事件的发展顺序为根据所组接的镜头，而是通过不同镜头的内容直接或间接地表现一种内在情感，这已不仅仅是镜头事件发展的逻辑关系这一层面，而更多的是去渲染。所以，表现蒙太奇是最富有高度创造力和色彩变化的画面编辑。它用一种直观作用于视觉感官的情绪表意方法，直接深入事物的深层，去表现一种比人们所看到的表面现象更深刻、更富有哲理的意义。

通常在影视制作中常用到的蒙太奇表现形式可以分为对比式蒙太奇、隐喻式蒙太奇、重复蒙太奇、叫板式蒙太奇、扩大与集中式蒙太奇、积累式蒙太奇、联想式蒙太奇、平行式蒙太奇、错觉式蒙太奇、交叉式蒙太奇、叙述蒙太奇、倒叙式蒙太奇及插叙式蒙太奇等。蒙太奇的类型非常多，所以考量一个导演对艺术的修为和领悟力，往往可以从他在电影中运用的蒙太奇表现手法中了解。在电影《低俗小说》中运用到了一种回环的蒙太奇表现手法，无论是叙述方式还是蒙太奇表现都堪称经典。

（1）平行式蒙太奇

平行式蒙太奇是两条或两条以上的情节线索交错叙述，把相同时间、不同地点和空间同时发生的事件表现出来。这种蒙太奇的叙述方法，可以使两处或两处以上的事件相互烘托。利用一个场景、一个动作转到另一个动作的交叉叙述，可以省去多余的过程，节约时间，有利于丰富情节，增加影片的容量，是经常使用的一种剪辑手法。

（2）连续蒙太奇

连续蒙太奇是以一条情节线索或一个连贯动作的连续出现为主要内容。镜头的连续以情节和动作的连续、逻辑上的因果关系为依据，按照事件的逻辑顺序，有节奏地叙述事情。这是影视中使用最多、最基本的叙述方式。其优点在于脉络清晰、有头有尾、层次分明，容易被观众所理解和接受。但由于缺乏时空与场面的变化，难于突出各条情节线之间的队列关系，易有拖沓之感，因此在一部电影中多与平行、交叉蒙太奇手法混合使用，相辅相成。

（3）交叉式蒙太奇

这种剪辑方法是把同一时间不同地点发生的两条或数条情节线索迅速而频繁地交替剪接在一起，其中一条线索的发展往往影响另一条线索，各条线索相互依存，最终汇合在一起，极易引起悬念，营造紧张激烈的气氛，加强矛盾冲突的尖锐性，是调动观众情绪的有力方法。惊险片、恐怖片和战争片多采用这种方法来制作追逐和惊险的场面。

（4）重复蒙太奇

重复蒙太奇又被称为"复现蒙太奇"、"反复蒙太奇"，简单来说，就是体现同一内容的镜头画面反复出现，或者说，代表同一主体思想的事物在关键时刻一再出现。这种蒙太奇在影片中经常会使用到。这种反复的手法必须要求一定的道具、事件、场面作为线索和依托，有意识地让它们在作品中反复出现，通过反复出现的镜头来刻画人物，使观众对影片主题有更近一步的了解，以突出主题。

（5）隐喻式蒙太奇

隐喻式蒙太奇也被称为"比喻蒙太奇"、"象征蒙太奇"，是指在前后镜头的并列关系中进行比喻，通过观众的联想，理解所表达的某个意义或思想。按照剧情的发展和情节的需要，利用这种镜头或场面的队列类比，含蓄而形象地表达出创作者的某种寓意。隐喻式蒙太奇将巨大的概括力和极度简洁的表现手法相结合，往往具有强烈的情绪感染力，给人一种既形象生动又耐人寻味的感觉。

（6）对比式蒙太奇

类似文学中的对比描写，通过镜头之间、内容之间的强烈对比（如贫与富、生与死、高贵与下贱、胜利与失败等），产生相互冲突的作用，以表达拍摄者的某种寓意或强化所表现的内容和思想。运用这种手法组接的镜头之间存在相互存托、比较的逻辑关系。对比式蒙太奇是一种很古老的蒙太奇形式，早在19世纪，电影的先驱者就开始运用了。

（7）叙述与倒叙式蒙太奇

这种剪辑方法用于叙述过去经历的事件和对未来的想象。例如，影片中常用的叠印、回忆、幻想、梦境及想象等出现在过去与未来时空的画面。

任务2　为家乡城市宣传片设定故事板

🖥 任务背景

　　大学新生大宝想以宣传片的形式向同学们介绍自己的家乡城市，按照整理好的家乡宣传片的剪辑制作思路，利用Adobe Premiere Pro CS6设定故事板。

🖥 任务要求

　　在Adobe Premiere Pro CS6中打开模块02保存的家乡宣传片的项目文件。

　　按照剪辑制作思路，在Adobe Premiere Pro CS6中设定故事板。

　　利用自动添加序列按钮将规划好顺序的素材添加至序列中。

🖥 本任务掌握要点

技术要点：设定故事板，自动添加序列

问题解决：利用Adobe Premiere Pro CS6的图标显示方式设定故事板，并将素材添加至序列中

应用领域：影视后期

素材来源：自备

作品展示：无

🖥 任务分析

_____

_____

_____

_____

_____

_____

_____

🖥 主要操作步骤

01

02

03

04

05

06

07

08

09

一、单选题

1. ( ) 是把同一时间、不同空间发生的两种动作交叉剪接，进而营造紧张的气氛和强烈的节奏感，产生惊险的戏剧效果。

    A. 叫板式蒙太奇   B. 积累式蒙太奇

    C. 重复蒙太奇   D. 交叉式蒙太奇

2. 在Adobe Premiere Pro CS6中存放素材的面板是（ ）。

    A. "Program Monitor" 面板   B. "Project" 面板

    C. "Sequence" 面板   D. "Audio Mixer" 面板

二、多选题

1. 在 "Project" 面板中，素材的显示模式类型有（ ）。

    A. 缩略图显示模式   B. 小图标显示模式

    C. 图标显示模式   D. 列表显示模式

2. 下列（ ）不属于影片语言的要素。

    A. 联想与概括   B. 蒙太奇

    C. 景别   D. 镜头组接的节奏

3. 在影视制作中常用到蒙太奇的表现形式，下列选项中属于蒙太奇表现形式的是（ ）。

    A. 积累式蒙太奇

    B. 平行式蒙太奇

    C. 错觉式蒙太奇

    D. 交叉式蒙太奇

三、填空题

1. 在Adobe Premiere Pro CS6的 "Project" 面板中素材的显示方式有两种，分别为_____和_____。

2. 在素材管理箱的操作中，软件默认设置为按住_____键双击_____，可以在当前面板的新标签栏中将其打开并显示。

3. 电影和电视具有一种最基本的构成手段_____，所以能通过画面说话成为讲述故事的叙述艺术。

四、简答题

观赏魅力上海宣传片，分析该宣传片用了哪些蒙太奇手法，这些蒙太奇手法对宣传片产生了怎样的影响？

Adobe Premiere CS6

影视后期设计与制作 案例技能实训教程

任务参考效果图：

能力掌握：

根据实际的制作项目对视频进行音频编辑处理

重点掌握：

1. 在Adobe Premiere Pro CS6中音轨的创建与分类
2. 理解音轨的基本属性及概念，对音轨进行编辑处理

软件知识点：

1. 音频素材的导入
2. 在音轨上对音频素材进行编辑
3. 了解Adobe Premiere Pro CS6中的音频特效

Pr 模拟制作任务

任务1　编辑小企鹅动画音频

💻 任务背景

　　对素材中的小企鹅动画进行制作并处理，使动画中的小企鹅更活泼、生动。调整画面与音频的匹配度，达到更柔和的搭配与拼接效果。

💻 任务要求

　　提供小企鹅的几个体态动作并配上相关的音效。

> 播出平台：多媒体
> 制式：PAL制式

💻 任务分析

　　根据任务要求，整理剪辑制作思路。把握好小企鹅的动态，清楚音频匹配的位置，在对素材中的小企鹅进行处理制作时，需要控制整体音乐的节奏。本次任务中，小企鹅憨态可掬的模样不仅可以从视频画面中看出，从配乐中也能感受到。在制作前需要挑选合适的音乐素材，只有声音与画面的完美匹配才能最大程度地打动观众的心。

💻 本任务掌握要点

　　根据小企鹅的动作匹配相关音效，让小企鹅在画面中显得更加生动。

> 技术要点：主要掌握剪切工具（快捷键为C）、选择工具（快捷键为V）、手柄工具
> 　　　　　（快捷键为H）、缩放工具（快捷键为Z）
> 问题解决：学会利用快捷键提高剪辑效率
> 应用领域：影视后期
> 素材来源：光盘:\素材文件\模块07\素材\小企鹅
> 作品展示：光盘:\素材文件\模块07\参考效果\小企鹅.mpg
> 操作视频：光盘:\操作视频\模块07

💻 任务详解

STEP **01** 启动Adobe Premiere Pro CS6，弹出如图7-1所示的欢迎界面。

STEP **02** 单击"New Project"按钮，弹出"New Project"对话框，在"General"选项卡的"Name"（名称）文本框中输入"小企鹅动画"；在"Location"（位置）文本框中显示出新项目文件的存储路径，单击"Browse"按钮可改变新项目文件的存储路径，如图7-2所示，设置完成后单击"OK"按钮。

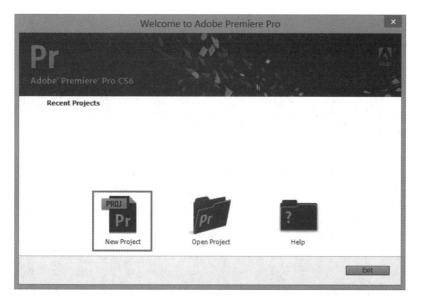

图7-1

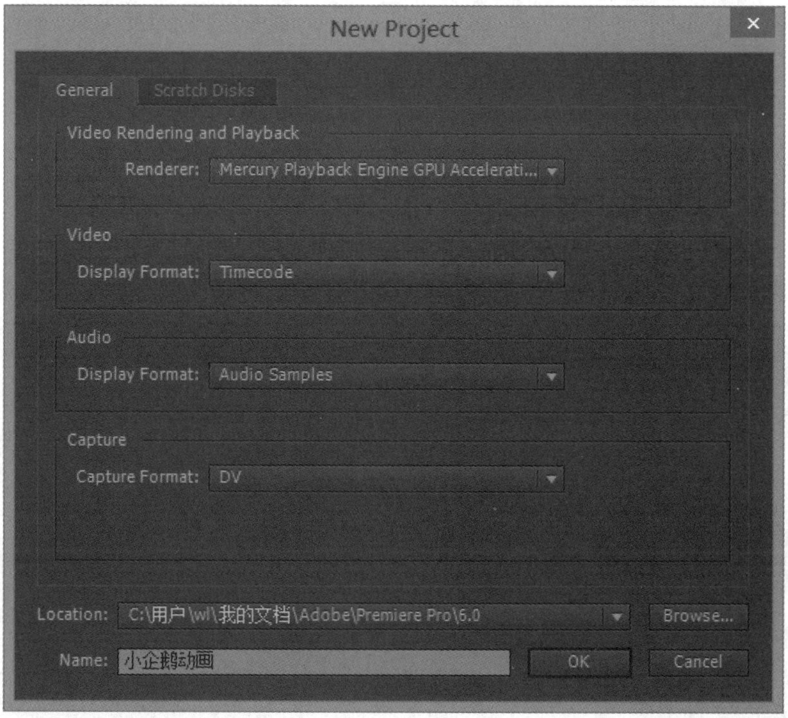

图7-2

STEP **03** 弹出 "New Sequence" 对话框，在 "Settings" 选项卡中设置 "Editing Mode"（编辑模式）为 "Custom"，"Timebase"（时基）为 "24.00 frames/second（24fps）"，"Frame Size"（帧尺寸）为720 "horizontal"（宽）、576 "vertical"（高），"Pixel Aspect Ratio"（像素长宽比）为 "Square Pixels（1.0）"（正方形像素1.0），"Fields"（场）为 "No Fields（Progressive Scan）"（无场逐行扫描），如图7-3所示，设置完成后单击 "OK" 按钮。

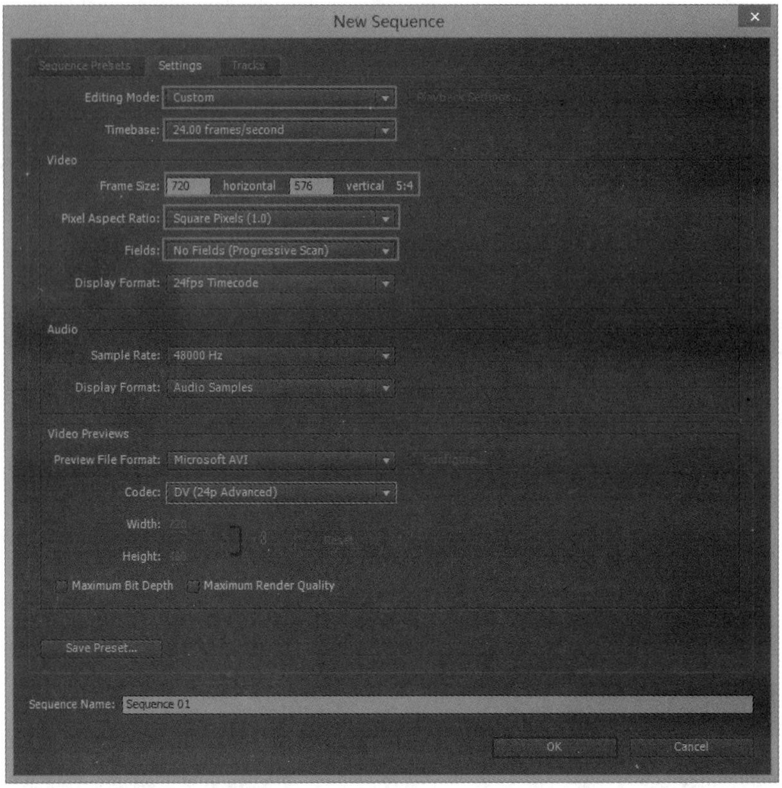

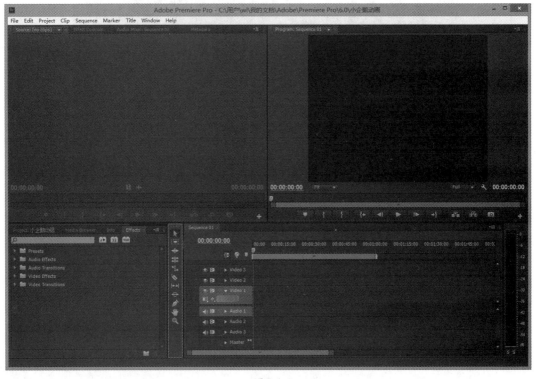

图7-3

STEP 04 进入Adobe Premiere Pro CS6的操作界面，如图7-4所示。

图7-4

Adobe Premiere CS6
影视后期设计与制作 案例技能实训教程

STEP 05 创建好项目文件后，需要将整理的素材导入到"Project"面板中，双击面板的空白处，如图7-5所示。

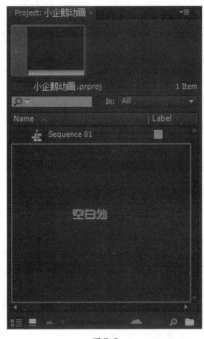

图7-5

STEP 06 弹出"Import"对话框，在对话框中进入素材所在文件夹，选择第一帧素材后，选中对话框下方的"Image Sequence"（图像序列）复选框，如图7-6所示。

图7-6

STEP 07 单击"打开"按钮，即可将选择的序列素材导入到"Project"面板中，如图7-7所示。

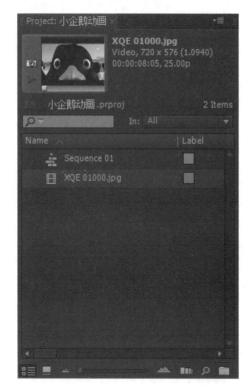

图7-7

STEP 08 在"Project"面板中选择刚导入的序列素材，观察面板上方的素材信息显示，如图7-8所示，其中帧速率为25fps，不是当前选中素材的正确帧速率，需要进行调整。

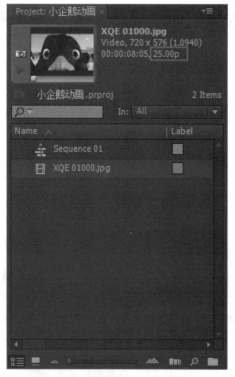

图7-8

提 示

　　我国的电视制式默认是PAL制式，其帧速率为25fps，在导入序列帧素材时需要将素材的帧速率与序列的帧速率设置为一致。在编辑NTSC素材时，需要将序列的帧速率调整为30fps（约等于29.97）。

STEP 09 在"Project"面板中选择刚导入的序列素材，单击鼠标右键，在弹出的菜单中执行"Modify"→"Interpret Footage"（镜头详解）命令，如图7-9所示。

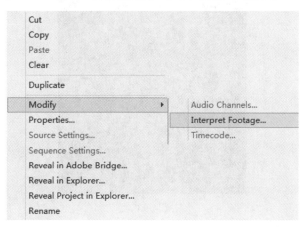

图7-9

STEP 10 弹出"Modify Clip"对话框，在"Interpret Footage"选项卡中的"Frame Rate"（帧速率）选项组中设置"Assume this frame rate"为24fps，即假设帧速率为24fps，如图7-10所示，单击"OK"按钮。

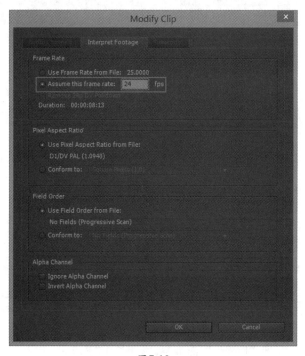

图7-10

STEP **11** 观察 "Project" 面板上方的素材信息显示，如图7-11所示，帧速率变为24fps，是当前选中素材的正确帧速率，调整结束。

图7-11

STEP **12** 双击 "Project" 面板的空白处，弹出 "Import" 对话框，在对话框中进入素材所在文件夹，按住Ctrl键选择需要的音频文件 "配乐1.wav" 和 "配乐2.wav"，单击 "打开" 按钮，如图7-12所示。

图7-12

STEP **13** 将音频素材导入到 "Project" 面板中，如图7-13所示。

图7-13

STEP**14** 在"Project"面板中选择序列素材"XQE 01000.jpg",将序列素材拖至"Sequence"面板中的"Video1"轨道中,在"Sequence"面板中进行音乐素材的剪辑,如图7-14所示,按快捷键+将拖至"Sequence"面板中的序列素材放大显示。

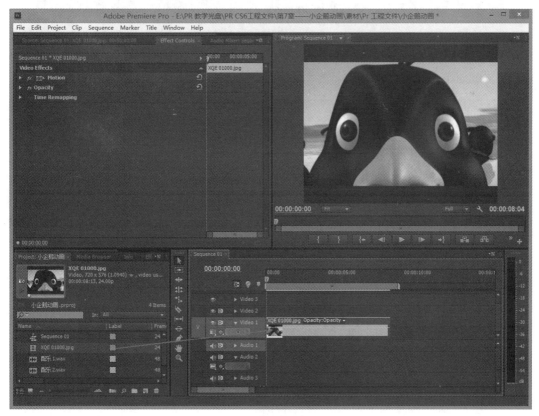

图7-14

STEP **15** 在"Project"面板中选择音频素材"配乐1.wav",将其拖至"Sequence"面板中的"Audio1"音频轨道中,如图7-15所示。

图7-15

STEP **16** 在"Sequence"面板中将时间设置为00:00:06:09,如图7-16所示,时间线指示器会移动至时间00:00:06:09处,这个时间位置为视频素材中小企鹅落水的第一帧。

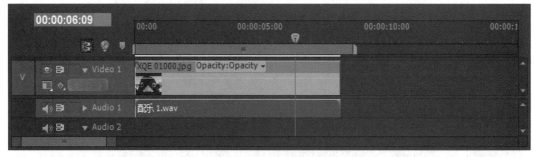

图7-16

STEP **17** 确认"Sequence"面板的吸附功能处于激活状态,如图7-17所示。

图7-17

STEP 18 将"Project"面板中的音频素材"配乐2.wav"拖入"Sequence"面板的"Audio2"音频轨道中，吸附对齐位置的时间线指示器，如图7-18所示。

图7-18

STEP 19 按住时间线指示器上方的黄色控制柄，拖动时间线指示器至视频素材的最后一帧，如图7-19所示。

图7-19

STEP 20 按快捷键C激活时间线上的切割工具，在"Audio2"音频轨道中对齐时间线指示器的位置进行切割，将"Audio2"轨道中"配乐2.wav"素材后面的部分单击选中，按Delete键删除，如图7-20所示。

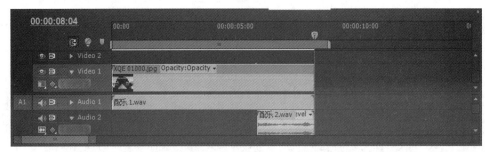

图7-20

STEP 21 在"Sequence"面板的左侧调出"Effects"面板，选择"Audio Transitions"（音频转场）→ "Crossfade"（淡入淡出）→ "Constant Gain"（恒定增益）选项，如图7-21所示。

图7-21

📌 提 示

与画面转场一样，声音转场也有自己的效果库，但是可选择的余地并不大，声音素材一般交由相关的专业人士处理。配音素材一定要在片子剪辑前进行录制，动画文件一般在三维软件中制作时就已经对应好了位置。

STEP 22 将"Constant Gain"（恒定增益）特效拖至"Audio2"音频轨道中"配乐2.wav"素材的末端，如图7-22所示。

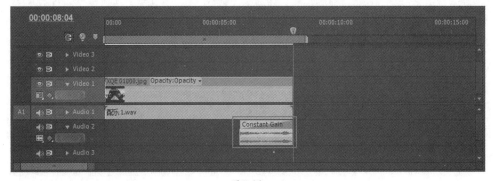

图7-22

STEP23 将鼠标指针移至音频转场的最左边，按住鼠标左键往右拖移7帧，调整音频转场的入点，最后效果如图7-23所示。

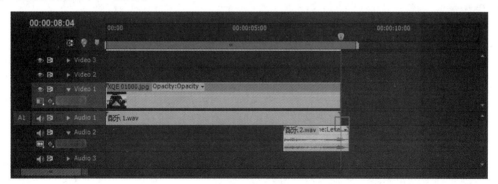

图7-23

提 示

　　动画片的画外音在录制时要尽量先调整好声音小样，选定后再进行录制，这样不会造成二次录制的麻烦，影响到动画片的编辑进度。

STEP24 至此，这段小企鹅掉落水中的动画音频剪辑工作就完成了，最后输出项目要求的视频文件即可。

知识点1 Adobe Premiere Pro CS6的音频混合基础

对于一部完整的影片来说，声音具有重要的作用，无论是同期的配音还是后期的伴乐，都是一部影片不可或缺的。在现代影视节目的制作过程中，所有节目都会在后期编辑时添加适合的背景音效，从而使节目更加精彩、完美。

Adobe Premiere Pro CS6具有空前强大的音频处理能力，包含一个多功能的音轨混合器，可以录制音频、编辑音频、添加音效、进行多音轨混音、完成独立立体声或者5.1环绕声的制作；也可以通过与Audition或Soundbooth的无缝整合，多渠道制作音频；并可以通过音轨混合器为复杂的影片进行配音，音轨混合器是播送和录制节目时必不可少的重要工具之一。在Adobe Premiere Pro CS6中可以很方便地处理音频，在多个音频素材之间添加过渡效果，还可以根据需要为音频添加音频滤镜，改变原始素材的声音效果。

序列中包含普通音频轨道，可进行分组混音，统一调整音频效果。每个序列还包含一个主音频轨道（Master），相当于音轨混合器的主输出，它汇集所有音频轨道的信号，重新分配输出。

提示

按声道组合形式的不同，音频可以分为单声道（Mono）、立体声（Stereo）和5.1环绕声（5.1Surround）三种类型。无论是普通音频轨道、子混音轨道或主音频轨道，均可以设置为这三种声道的组合形式，可以随时增加或删除音频轨道，但无法改变已经建立的音频轨道的声音数量。

素材片中的音频、音效与音频轨道的类型必须匹配。

普通音频轨道、子混音轨道（Submix）和主音频轨道（Master）是按照轨道在混音流程中的作用划分的，而单声道轨道（Mono）、立体声轨道（Stereo）和5.1环绕声轨道（5.1Surround）是按照轨道的声道组合形式划分的。在音频编辑操作之前首先需要明确区分轨道与声道是两个不同的概念。

知识点2 音频的基础概念

音频的概念包括音量、音调、音色、噪声等。

（1）音量

根据声学原理可以知道，音量的大小决定了声波振幅的大小。所谓的"分贝"，就是衡量音量的单位，符号为dB。分贝数越大，声波振幅越高，相应的音量越大。

（2）音调

声音频率的高低被称为"音调"。音调主要由声音的频率决定，同时也与声音的强度有关。对一定强度的纯音，音调随频率的升降而升降；对一定频率的纯音，低频纯音的音调随声强增加而下降，高频纯音的音调却随强度增加而上升。

纯音指具有单一频率的正弦波，而一般的声音是由几种频率的波组成的，如音叉发出的声音就是纯音。

（3）音色

音色的好坏主要取决于发音体、发音环境。发音体与发音环境的不同，会影响声音的音质。声音分为基音和泛音。每一种乐器、不同的人以及所有能发声的物体发出的声音，除了一个基音外，还有许多不同频率的泛音伴随，正是这些泛音决定了其不同的音色，使人能辨别出是不同的乐器甚至不同的人发出的声音。

一般的声音都是由发音体发出的一系列频率、振幅各不相同的振动复合而成。这些振动中有一个频率最低的振动，由它发出的音就是基音，其余为泛音。

发音体整体振动产生的音（振动长度越大，频率越小），被称为"基音"，决定音高；发音体部分振动产生的音，被称为"泛音"，决定音色。

（4）静音

静音是指无声，没有声音是一种具有消极意义的表现手法，在影视作品中通常用来表现恐惧、不安、孤独以及极度空虚的气氛或心情。

（5）失真

失真是指在声音录制加工后产生的畸变，一般可分为非线性失真和线性失真。非线性失真是指声音在录制加工后产生一种新的频率，与原声音产生了区别；而线性失真是指声音在录制加工后没有产生新的频率，但是原有的声音比例发生了变化，要么增加了音频成分的音量，要么减少了音频成分的音量等。

（6）噪声

噪声有三个基本含义：一是自然界中的物体无规律的震动所产生的声音，如风声、雨声、脚步声、开关门声等，这些声音因素在用于影视作品时可以增加影片的真实感；二是由电子设备或声音媒介自身的原因产生的声音，通常对人在正常情况下的听觉形成了烦扰；三是指在特定情况下对人的生活工作造成妨碍的声音。

在编辑音频时会遇到各种各样的音频文件，Adobe Premiere Pro CS6为这些音频文件提供了专用的音频轨道。

（1）主音轨

显示主音频轨道上的关键帧和音频，可以利用音轨混合器混合其他音轨上的素材。

（2）子混音轨道

音轨混合器在混合出所有音轨上的子集时所使用的混合音轨。

（3）5.1音轨

该轨道在环绕立体声中使用。一般情况下，只有DVD电影的环绕立体声使用5.1音轨。

知识点3 "Audio Mixer"（音轨混合器）面板概述

Adobe Premiere Pro CS6不仅可以使用"Sequence"面板编辑和调整素材，还提供了非常实用的"Audio Mixer"（音轨混合器）面板，能对多轨音频进行实时混合。"Audio Mixer"（音轨混合器）面板是一个专业而直观的音频混合工具，它将"Sequence"面板的音频轨道形象地罗列在一起，就像录音棚中的控制台一样，通过它可以对多个音频轨道进行编辑，如为音频添加音频特效、设置子混音轨道、自动化操作等。

"Audio Mixer"（音轨混合器）面板中主要包括轨道区域、控制区域和播放控制区域，如图7-24所示，为每一条音轨都提供了一套控制方法，每条音轨也根据"Sequence"面板中的相应音频轨道进行编号。使用该面板，可以设置每条轨道的音量大小、静音等。

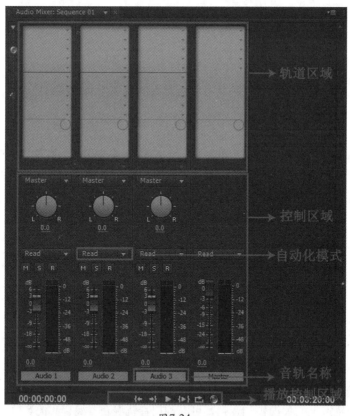

图7-24

提 示

在"Audio Mixer"（音轨混合器）面板中，可以一边监听音频，一边监视视频，一边进行调节设置。每个音轨混合器中的轨道与"Sequence"面板当前序列中的音频轨道都是一一对应的。

轨道区域主要用于显示时间码和轨道名称，以及设置效果、设置发送等，如图7-25所示。

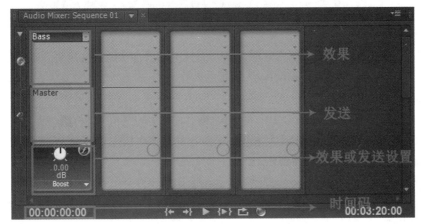

图7-25

轨道区域可以通过"Audio Mixer"（音轨混合器）面板最顶部时间码下面的按钮进行隐藏设置，其默认状态是隐藏，可以根据自己的需要进行显示。在轨道区域上面，每个音轨轨道都显示了其名称，可以双击普通音频轨道的名称，输入新的名称完成重命名。

默认状态下，控制区域显示了所有音频轨道和主音频轨道的音量滑块和UV标尺，可以用来调节音量并监视输出信号的强弱，如图7-26所示。另外，控制区域还可以用于声像的平衡控制，以及输入和输出轨道的设置等。

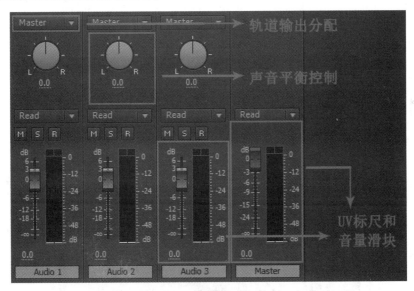

图7-26

在图7-26中，最右边的UV标尺和音量滑块是用来调节主音频轨道的。通过主音频轨道的音量控制，可以更方便地控制整个影片的声音超标问题。

"Audio Mixer"（音轨混合器）面板底部的播放控制区域用于在音频合成过程中控制预览播放，与源监视器中的各按钮不仅功能相同，而且除了录音按钮外，全都可以联动。按钮从左到右依次为转到入点、转到出点、播放/停止切换、从入点播放到出点、循环及录音，如图7-27所示。

图7-27

可以利用 "Audio Mixer" （音轨混合器）面板中的录音功能，直接将音频录制在序列轨道中，更有利于配合 "Program Monitor" 面板的制作。

1. 查看音频波形

在 "Sequence" 面板的控制区域中，单击轨道名称左边的三角形图标 ▶，使其展开成为 ▼，在轨道控制区域中单击 "显示风格" 按钮 ▦，在弹出的菜单中执行 "Show Waveform" （显示波形模式）命令以显示波形，如图7-28所示。

图7-28

在Adobe Premiere Pro CS6中，可以在编辑混合音频时直接于时间线上查看音频波形以作为参考，这样可以方便编辑工作。波形反映的是声音振幅的变化，越宽广的部分，音频的音量越大。在 "Sequence" 面板和源监视器中都可以查看音频素材或视频素材中音频部分的波形。

除了可以在 "Sequence" 面板中查看音频波形外，在源监视器中也可以更为精确直观地预览波形。在 "Project" 面板或者 "Sequence" 面板中双击音频素材，在源监视器中将其打开，便可以显示其音频波形，如图7-29所示。

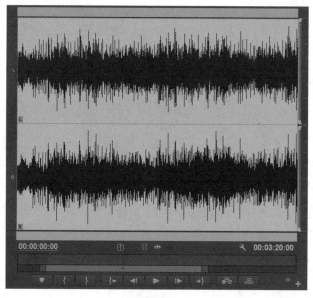

图7-29

💡 提 示

如果是视频素材，在源监视器中将其打开后，在监视器右下角可以切换到音频状态，并可以显示视频素材音频部分的波形。

2. 音频的处理与转换

对导入Adobe Premiere Pro CS6中的视频素材片段可以进行音频提取，将音频从素材片段中提取出来，并在项目中生成新的音频素材片段。所有在源素材片段上对其音频进行的处理操作和效果会全部实施到新提取出来的音频素材片段上。

在"Project"面板中选择一个或多个包含音频的素材，执行"Clip"（片段）→"Audio Options"（声音设置）→"Extract Audio"（提取音频）命令，对所选择的素材进行音频的提取操作。提取出来的新素材对象以"Audio Extracted"为名称后缀，如图7-30所示。

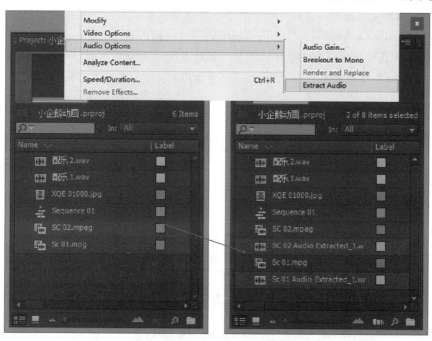

图7-30

在编辑合成音频之前，首先要对素材片段、声道和轨道进行设置，如有需要会进行转换和处理，以方便后面音频混合与编辑工作的需要。

提取出来的音频文件将作为一个独立的素材存在，在素材上可以进行的操作，在提取出来的音频素材上同样可以进行。

Adobe Premiere Pro CS6的音频提取操作，可以被理解为从选择的素材中提取音频并直接生成WAV音频文件，文件一般会被自动存放在项目文件所在的文件夹中。在生成的音频素材的属性中可以观察到这一点。

提 示

对于已经被拖入序列、已经进行剪辑操作的带音频素材，要生成新的提取的音频素材，需要在序列中选择需要提取的音频，通过渲染生成新的音频素材片段，并替换原有在序列上剪辑过的素材片段自带的音频。

在序列中选择一个包含音频的素材片段，使用"Clip"→"Audio Options"→"Render And Replace"（渲染和替换）命令对素材的音频进行渲染替换操作。

所有在源素材片段上对其音频进行的处理操作和添加的效果都会被施加到新提取的音频素材上。如果源素材片段已经进行了剪辑，那么新生成的素材片段仅包含源素材中入点和出点之间的部分。

3. 声道映射

在添加素材到序列或在源监视器中进行预览时，可以自定义素材片段中的音频映射到通道和音频轨道的方式。使用"Audio Channels"（音频声道）命令，可以在"Project"面板中对素材片段施加映射。在操作上，可以同时选择多个素材片段施加映射。

在"Project"面板中，选择一个或者多个声道格式相同的包含音频的素材片段，使用"Clip"→"Audio Options"→"Audio Channels"（音频声道）命令，调出"Modify Clip"（修改剪辑）对话框，如图7-31所示。在"Modify Clip"对话框中选择一种想要映射的声道格式，如"Mono"（单声道）、"Stereo"（立体声）、"5.1"（5.1声道）或"Adaptive"（自适应）。

提 示

"Enable"列可以决定是否启用声道。在将素材片段添加到序列中时，只有启用的声道才会被添加，拖曳声道"Track"/"Channel"列的图标到其他源声道，可以颠倒两个源声道的输出声道或轨道。

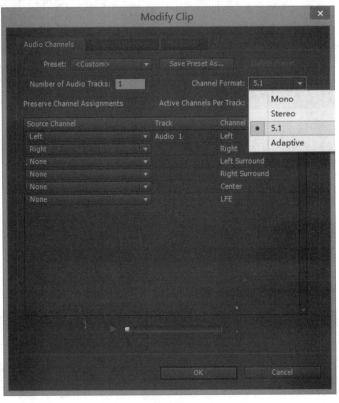

图7-31

单击对话框下方的播放按钮▶，可以对所选轨道进行播放预览，满意后单击"OK"按钮，即可对素材声道进行映射操作的确认。

4. 声道转换

当需要对一个多声道素材片段的每个声道进行编辑操作时，可以对其进行声道的分离。使用"Clip"→"Audio Options"→"Breakout to Mono"（转换成单声道）命令，如图7-32所示，可以将"Project"面板中选择的多声道素材片段的每一个声道转化成一个单声道素材片段。立体声素材会一分为二，5.1环绕声会分成6个单声道片段。

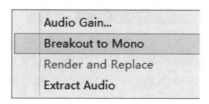

图7-32

在进行音频混合编辑前，如果需要进行声道转换，可将源音频素材转化成为编辑制作所需要的声道组合形式。

素材片段的声道转换只能在"Project"面板中进行，转换的声道不会影响电脑中的源文件。

5. 调节音量和声像平衡

音量和声像是音频文件的两个基本属性。在音频混合的过程中，经常需要对其进行调节和设置。用户可以在不同的面板中设置音频素材的这两个属性。

"Gain"（增益）通常与素材片段的输入音量有关，"Volume"（音量）通常与序列中的素材片段或轨道的输出音量有关。对于需要设置轨道或者素材片段的音频信号，可以通过调节增益与音量的级别来实现。

使用"Clip"→"Audio Options"→"Audio Gain"（音频增益）命令，打开"Audio Gain"（音频增益）对话框，如图7-33所示，在该对话框中可以调节所选素材片段音频的增益级别。这个命令与"Audio Mixer"（音轨混合器）面板以及"Sequence"（序列）面板中进行的输入音量设置是相互独立的，最终的混音输出是一起整合的效果。

图7-33

💡 **提示**

需要注意的是，在进行数字化采样时，如果素材片段的音频信号被设置得太低，在调节增益或者音量时进行放大处理后会产生噪声，这在制作中是要避免的。在进行数字化采样时，必须要设置好硬件上的输入级别。

展开"Sequence"面板的音频轨道，在控制区域中单击显示关键帧按钮，如图

7-34所示。在弹出的菜单中执行"Show Clip Volume"（显示素材音量）命令，可以对素材片段的音频级别进行调整；在弹出的菜单中执行"Show Track Volume"（显示轨道音量）命令，可以对轨道的音频级别进行调整。

图7-34

如果需要设置音量随着时间的变化而变化，可以通过设置关键帧进行自由调节。

除了在"Sequence"面板中设置音量外，可以使用"Window"→"Effect Controls"命令，或者按Shift+5组合键，调出"Effect Controls"面板，在"Effect Controls"面板中精确直观地控制音量。

在序列中选择需要调节音量的素材片段，在"Effect Controls"面板中单击"Volume"左边的三角形图标，展开属性设置。通过拖动属性滑块，或输入数值，可以自由地调节音量，如图7-35所示。

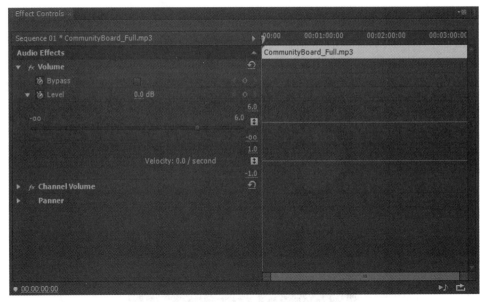

图7-35

轨道的音量级别除了能在"Sequence"面板中进行调节外，在"Audio Mixer"（音轨混合器）面板中通过拖动滑块或直接输入数值也能进行调节，如图7-36所示。

在"Audio Mixer"（音轨混合器）面板中不仅能调节单独音轨的音量级别，还能调节主音频轨道的音量级别。

提示

> 声像是指音频在声道中的移动。使用声像，可以在多声道轨道中对声道进行定位。平衡是指在多声道音频轨道之间重新分配声道中的音频信号。音频轨道中的声道数目和输出轨道的声道数目之间的关系决定了是否可以使用轨道的声像或平衡选项。

图7-36

默认情况下,所有的音频轨道都被输出到序列的主音频轨道中。每个轨道可能包含与主音频轨道数目不同的声道(包括单声道、立体声、5.1环绕声),在从一个轨道向另一个声道数目不同的轨道进行输出前,必须对声道之间的型号分配进行平衡控制。

- 当输出一个单声道轨道到一个立体声或5.1环绕声轨道时,可以进行声像处理。
- 当输出一个立体声轨道到一个立体声或5.1环绕声轨道时,可以进行平衡处理。
- 当输出轨道中包含的声道数少于其他音频轨道时,Adobe Premiere Pro CS6 会将其他轨道中的音频素材进行混音,输出为与输出轨道的声道数相同的效果。
- 当音频轨道和输出轨道均为单声道或5.1环绕声轨道时,则声像和平衡均不能用,轨道中的声道直接进行匹配。

"Audio Mixer"(音轨混合器)面板提供了声像与平衡控制。

当一个单声道或者立体声轨道输出到立体声轨道时,会出现一个圆形旋钮。调节旋钮可以在输出音频的左右声道之间进行声像或者平衡控制,如图7-37所示。

在"Sequence"面板中,也可以进行声像和平衡的调节设置,而且在"Sequence"面板中可以以关键帧控制的方式,使设置效果随时间的变化而变化。

在"Sequence"面板中利用关键帧进行设置,效果可以更丰富;"Audio Mixer"(音轨混合器）面板中的设置相对而言更直观，在操作上更方便。在实际的应用中，"Sequence"面板与"Audio Mixer"（音轨混合器）面板设置声像和平衡的方式可以配合使用，以追求最佳的工作效率与作品质量。

为了取得最佳的声像效果，必须确保电脑声卡的每一个通道输出都与外接音箱连接正确，而且外接音箱的空间位置摆放要正确。

当一个单声道或者立体声轨道输出到5.1环绕声轨道时，会出现一个方形控制盘。控制盘可以描述由5.1环绕声所创建的二维音频场，拖动其中的控制点，可以在五个扬声器位置间进行声像或平衡控制，如图7-38所示。

图7-37

图7-38

6. 高级混音功能

在从普通音频轨道中对素材片段的音频进行编辑，到最终由主音频轨道进行汇总输出的过程中，可以利用Adobe Premiere Pro CS6的"Submix"这个中间环节达到简化过程的目的。

执行"Sequence"→"Add Tracks"命令，弹出"Add Tracks"（添加轨道）对话框，在其中的"Audio Submix Tracks"（子混音轨道）中输入添加子混音轨道的数量，并在"Track Type"（轨道类型）下拉列表中选择所需的类型，如图7-39所示。

当需要对几个音频轨道进行相同的操作或需要施加相同的音频效果时，可以先将这几个音频轨道的信号发送给子混音轨道，在子混音轨道中进行统一操作。

子混音轨道属于高级编组形式，对于复杂的音频混合有帮助整理的功能。

使用子混音轨道，可以充分利用电脑的系统资源，避免音频轨道的重复处理。子混音轨道不包含任何音频素材片段，因此不能进行录音或添加素材片段的操作。在"Sequence"面板中，控制区域没有扬声器图标和显示风格按钮。在"Audio Mixer"（音轨混合器）面板中，子混音轨道的颜色比其他音频轨道的颜色略深。

图7-39

提 示

默认状态下，普通音频轨道的输出目标是主音频轨道。在添加了子混音轨道后，可以将普通轨道中的信号先输出到子混音轨道中进行统一处理，再输出到主音频轨道。对于特别复杂的音频混合，可以将子混音轨道中处理好的信号继续输出到其他子混音轨道中进行处理，并最终通过主音频轨道汇总输出。

执行"Window"→"Audio Mixer"命令，调出"Audio Mixer"（音轨混合器）面板。在发送区域的任意一个下拉列表中选择需要发送的目标混音轨道，如图7-40所示。

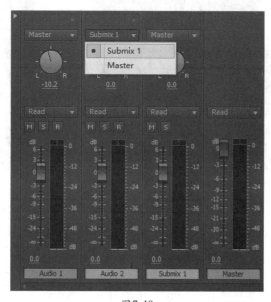

图7-40

子混音轨道可以理解为是当前序列的音轨输出到主音频轨道的过程中添加的一个过渡音轨。当对多个音轨使用相同的音频效果处理时，通常会选择子混音轨道来实现。

无论是发送或输出音频信号，均要遵循从左至右的方向，即只能将信号发送或输出到自身右侧的子混音轨道或主音频轨道。

每个轨道可以包含五个"Send"（发送），发送进场被用来将一个轨道中的信号输出到一个子混音轨道中，以进行效果处理。子混音轨道可以将处理过的信号继续输出到主音频轨道或另一个子音频轨道中，如图7-41所示。

提 示

红色方框中三角形图标的数目表示"Send"（发送）的数目。

- 单击发送属性按钮■，在弹出式菜单中选择想要进行设置的发送属性，在其上方可使用控制旋钮■调整设置。
- 如果想要删除设置好的发送，再次调出发送分配弹出式菜单，在其中选择"None"选项，即可删除此发送。

每个输出都包含一个音量旋钮，以控制发送轨道输出到子混音轨道的信号的比例，如图7-42所示。控制旋钮■设置的值越高，发送影响就越大。

图7-41

图7-42

- 音轨特效和发送的子混音轨道的编辑方法相同，激活要编辑的音轨特效或子混音轨道后，在较大红框下部的参数调节列表中选择需要调节的参数，再在小红框中调节相应的参数值即可。
- 音轨特效与子混音轨道的删除方法相同，单击要删除的音轨特效或子混音轨道，在弹出的菜单中选择"None"选项即可。

在显示效果和发送控制区域，单击一个发送分配的下拉菜单，除了可以选择发送到某个子混音轨道或主音频轨道外，还可以新建四种类型的子混音轨道并进行发送，如图7-43所示。

图7-43中，从上到下依次是"Create Mono Submix"（创建单声道子混音轨道）、"Create Stereo Submix"（创建立体声子混音轨道）、"Create 5.1 Submix"（创建5.1子混音轨道）、"Create Adaptive Submix"（创建自适应子混音轨道）。

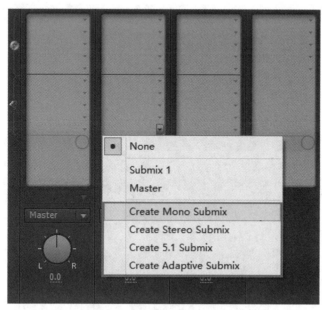

图7-43

在添加轨道音效方面，除了可以像对视频素材添加视频特效那样，从"Effects"面板中为素材片段添加音频特效，还可以通过施加轨道音效，为轨道中的素材片段统一添加特效。

在"Audio Mixer"（音轨混合器）面板中，单击三角形图标▶，显示特效与发送控制区域。单击其中一个特效，在弹出的菜单中选择需要的特效，即可为轨道添加特效，如图7-44所示。

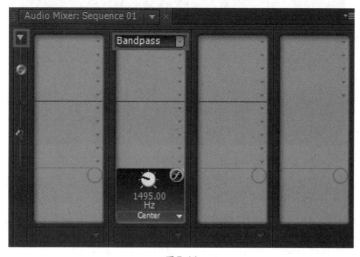

图7-44

在 "Audio Mixer"（音轨混合器）面板中，可以在轨道和发送控制区域中设置轨道特效。每个轨道最多可以支持五个轨道特效。Adobe Premiere Pro CS6会按照特效列表的顺序处理特效，改变列表顺序可能改变最终效果。特效列表还可以支持完全控制添加的VST特效。在 "Audio Mixer"（音轨混合器）面板中施加的特效也可以在 "Sequence" 面板中进行预览与编辑。

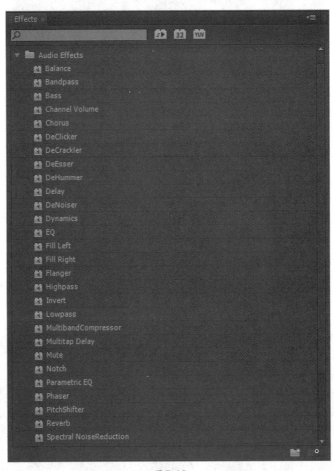

图7-45

在特效列表中直接双击某些特效的名称，可以调出设置面板进行具体设置，如图7-46所示。

如图7-47所示，在 "Audio Mixer"（音轨混合器）面板中每个音频轨道最顶部的下拉菜单中都可以设置自动化模式。

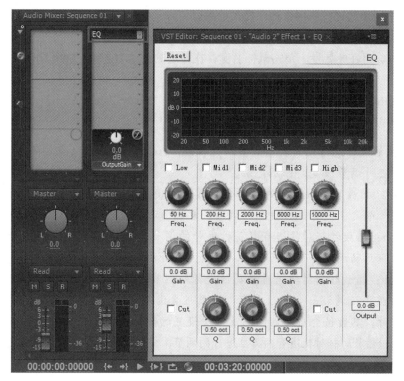

图7-46

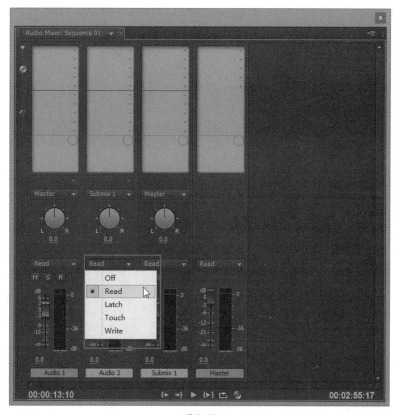

图7-47

在播放序列预览时，使用自动化模式，可以将音量/声像控制、静音操作以及对轨道音频特效的操作实时自动地施加到音频轨道中。在应用自动化模式的过程中，要想使某个属性不受控制的影响，可在此属性上单击鼠标右键，在弹出的菜单中选择"Safe During Write"（写保护）命令。

对于"Latch"（锁定）、"Touch"（触动）、"Write"（写入）这三个模式的操作，轨道关键帧可以在"Sequence"面板中显示出来。

- Off：播放时忽略任何轨道设置，允许在"Audio Mixer"（音轨混合器）面板中进行实时调节预览，但不记录。
- Read：播放时读取轨道的自动化设置，并使用这些自动化设置控制轨道播放。如果轨道之前没有进行设置，调节任意选项都将对轨道进行统一调整。
- Latch：播放时将对轨道音频属性进行的调节，全部以轨道关键帧的形式进行保存。在开始调节一个属性之前，此属性会沿用前一次设置的数值。
- Touch：播放时将对轨道音频属性进行的调节，全部以轨道关键帧的形式进行保存。在开始调节一个属性之前，此属性会沿用之前设置的数值，并且在不进行调节时，其数值会自动回归到前一次设置的数值。
- Write：播放时将对轨道音频属性进行的调节，全部以轨道关键帧的形式进行保存。

Pr 独立实践任务

任务2 **动画制作音频剪辑**

🖥 任务背景

参考任务1的范例，制作其他动画的音频剪辑。

🖥 任务要求

参考任务1的范例，在Adobe Premiere Pro CS6中建立合适的项目文件。根据相关素材中角色的动作和口型寻找类似的声音素材，然后剪辑匹配，注意角色和音频之间的节奏把握。

🖥 本任务掌握要点

注意画面的节奏感，细心把握音频与视频之间的关系。

技术要领：新建适合动画视频素材的Adobe Premiere Pro CS6项目文件，选择合适的音频素材，并进行音频素材的剪辑制作。

问题解决：为所寻找到的素材匹配合适的声音，让角色更加鲜活；还可以尝试在同一段素材中匹配不同的声音，然后细心比较相同视频不同配音带给人的感受有什么不同。

应用领域：影视后期

素材来源：光盘:\素材文件\模块07\素材

作品展示：无

🖥 任务分析

🖥 主要操作步骤

一、单选题

1. 在Adobe Premiere Pro CS6中，对导入软件的视频素材片段进行音频提取的命令是（   ）。

    A. Extract Audio   B. Source Channel Mappings

    C. Render And Replace   D. Breakout to Mono

2. 下列选项中不属于音频基础概念的是（   ）。

    A. 失真   B. 音量

    C. 音轨   D. 音色

二、多选题

1. 在Adobe Premiere Pro CS6中能添加的子混音轨道有（   ）。

    A. Mono   B. Stereo

    C. 5.1   D. Dolby

2. 音频特效（Effects）可以添加到（   ）上。

    A. 音频素材   B. 音频轨道

    C. 视频素材   D. 视频轨道

3. 在Adobe Premiere Pro CS6中，"Audio Mixer"（音轨混合器）面板包括下列（   ）区域。

    A. 轨道区域

    B. 播放控制区域

    C. 时间线区域

    D. 自动化模式

三、填空题

1. 在音频调节过程中，经常需要进行调节和设置的两个比较基本的属性是＿＿＿＿＿和＿＿＿＿＿。

2. 根据声道组合形式的不同，音频可以分为＿＿＿＿＿、＿＿＿＿＿和＿＿＿＿＿三种类型。

3. 在Adobe Premiere Pro CS6中，对音频的调节可分为素材调节和＿＿＿＿＿调节。

四、简答题

概述轨道与声道的概念，并说明两者的不同之处。

学习心得

Adobe Premiere CS6

影视后期设计与制作 案例技能实训教程

模 块

08 昆虫生态展宣传片

任务参考效果图：

能力掌握：

1. 了解并掌握常用的视频、音频和图片格式
2. 学会利用Adobe Media Encoder进行输出

软件知识点：

1. Adobe Premiere Pro CS6输出的基本流程
   与方法
2. 熟悉Adobe Media Encoder界面

重点掌握：

1. 设置输出格式与参数
2. 学会利用Adobe Premiere Pro CS6进行视频
   文件输出
3. 学会利用Adobe Premiere Pro CS6进行音频
   文件输出
4. 学会利用Adobe Premiere Pro CS6进行图像
   序列帧输出

任务1　视频文件输出

📺 任务背景

上海昆虫博物馆隶属于中国科学院上海生命科学研究院，其前身是法国神父韩伯禄（P. Heude）1868年筹建的上海震旦博物馆（Musee Heude）昆虫部，1883年在上海徐家汇建成，后因标本众多，无法储藏，于1930年在吕班路（今上海重庆南路）兴建新的震旦博物院。该博物馆当时储藏中国所产的动植物标本在整个亚洲也属于前列，有"亚洲的大英博物馆"之美称。1953年该博物馆归属中国科学院上海昆虫研究所，2001年被并入中国科学院生命科学研究院植物生理生态研究所。2002年上海市科学技术委员会和中国科学院生命科学研究院植物生理生态研究所共同投资2000万元专项资金，组建上海昆虫博物馆。

经过100多年的创业和发展，上海昆虫博物馆现收藏全国各地昆虫标本100多万号，保藏着一大批濒危珍稀昆虫标本及国际和国内的危险性检疫害虫标本，是我国大型的专业昆虫馆。

昆虫是地球上最昌盛的一类动物，全世界已知品种有100多万种，占已知动物种类总数的2/3以上，地球上无处没有昆虫的踪迹。

昆虫与人类的关系十分密切。除了少数害虫如蝗虫、蚊、蝇等给农林业生产和人们的健康造成危害外，许多有益昆虫成为了人类的朋友。养蚕、养蜂、人工放养紫胶虫和五倍蚜等，为人类带来了丰富的物质财富；蜂蝶传粉，有助于提高作物的产量；捕食性、寄生性昆虫作为自然界害虫的天敌，对于控制害虫、维护生态平衡等起着重要的作用；昆虫丰富的多样性，是整个生物多样性的重要组成部分；绚丽多彩的昆虫装点着自然界和人们的生活。

昆虫生命厅：详细地介绍了昆虫的起源、演化过程、昆虫的分类地位、昆虫的外部形态、生物学以及生态学等相关知识。

昆虫世界厅：昆虫是自然界中种类最多、数量最大、分布最广的一类动物。从某种意义上来说，昆虫也是地球的主人。昆虫离人类是如此之近，但人类对它们的了解却是如此匮乏，许多昆虫种类在人类未认识它们以前，就从地球上永远地消失了。本厅介绍了昆虫纲的分类阶元以及一些代表性种类。

昆虫与人类厅：主要展出农业害虫、林业害虫、卫生害虫、资源昆虫以及昆虫文化，还包括世界名蝶等。

昆虫文化厅：包括昆虫与成语、昆虫与民俗、蝶翅画、昆虫与邮票等。

昆虫放映厅：舒适无比的高背座椅，宽敞的观众厅和走道，弧形的银幕，扩大了观众的视野，即使是坐在后排座位上，观众也不会感到视角变窄。观众厅严格按照影院的声学标准设计，优质的吸音材料使设计师的理念得到充分体现，震撼人心的音响效果使观众大饱耳福。

互动实验室：40台光学解剖镜可以让参观者看清楚最小的昆虫标本。在活体区，人和可爱的昆虫小精灵可以亲密接触。

本宣传片通过特写镜头来展现昆虫的各种自然习性，希望让更多的人能够了解昆虫。

🖥 任务要求

把握整个剪辑的节奏，通过剪辑各种镜头，制作出紧凑并且能充分展现昆虫自然习性的宣传片。

播出平台：多媒体、中央电视台及地方电视台
制式：PAL制式
输出格式：MOV

🖥 任务分析

充分理解片头主题，把握其主旨，在规定的时限内表现出生动形象而又不失节奏感的内容。通过对各种镜头的合理使用，使各类昆虫镜头穿插描绘，让观众产生对昆虫浓厚的兴趣与求知欲，吸引更多的人来认识并了解昆虫，获取更多关于昆虫的知识。

🖥 本任务掌握要点

对视频输出格式进行设置。

技术要点：选择合适的视频或者音频格式，利用Adobe Media Encoder进行输出。
问题解决：视频转场的切入时机与持续时间需要根据整个影片的节奏来确定，合理对镜头画面与音乐素材进行匹配。
应用领域：影视后期
素材来源：光盘:\素材文件\模块08\素材
作品展示：光盘:\素材文件\模块08\参考效果\昆虫生态展宣传片.mov
操作视频：光盘:\操作视频\模块08

🖥 任务详解

在数字制作中，常用的视频格式主要有AVI、QuickTime、MPEG及WMV等，这也是在制作中经常用到的视频格式。

首先在时间线上编辑视频素材（根据不同影片的要求，对素材进行剪辑，这在之前的模块中已经详细介绍，本模块主要说明视频的输出，在此不再赘述），然后在要进行输出的"Sequence"面板的任何位置单击鼠标左键，激活当前时间线上的序列，如图8-1所示。

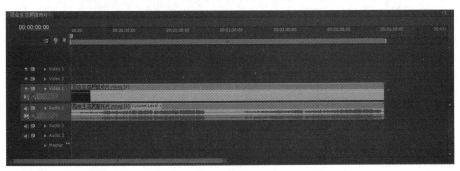

图8-1

STEP 01 执行"File"→"Export"→"Media"命令，如图8-2所示，打开"Export Settings"（输出设置）对话框。

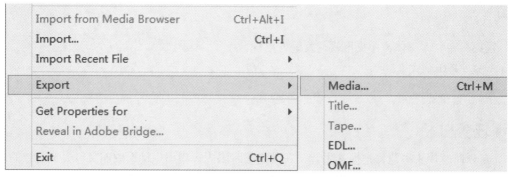

Import from Media Browser	Ctrl+Alt+I		
Import...	Ctrl+I		
Import Recent File	▶		
Export	▶	Media...	Ctrl+M
Get Properties for	▶	Title...	
Reveal in Adobe Bridge...		Tape...	
Exit	Ctrl+Q	EDL...	
		OMF...	

图8-2

STEP 02 对输出的格式与参数进行设置，如图8-3所示。

▼ **Export Settings**

☐ Match Sequence Settings

Format: QuickTime ▼

Preset: PAL DV ▼

Comments:

Output Name: 昆虫生态展宣传片.mov

☑ Export Video   ☑ Export Audio

▼ **Summary**

Output: J:\备份\MOV 昆虫展剪辑\昆虫生态展宣传片.mov
720x576, 25 fps, Lower, Quality 100, DV25 PAL

Uncompressed, 48000 Hz, Stereo, 16 bit

Source: Sequence, 昆虫生态展宣传片
1280x720 (1.0), 25 fps, Progressive, 00:02:55:17
48000 Hz, Stereo

图8-3

- 将"Format"设置为QuickTime视频格式。
- 修改"Preset"（预设）参数，使其与源序列设置相匹配，在本例中选择"PAL DV"。
- 将"Output Name"设置成想要的文件名，如"昆虫生态展宣传片.mov"。
- 选中"Export Video"和"Export Audio"复选框，既导出图像，也导出声音。当单独选中任意复选框时，只能导出声音或视频格式。

STEP 03 切换到"Video"选项卡，对画面的制式和质量进行相应的调整，将"Video Codec"设置为"DV25 PAL"制式，如图8-4所示。

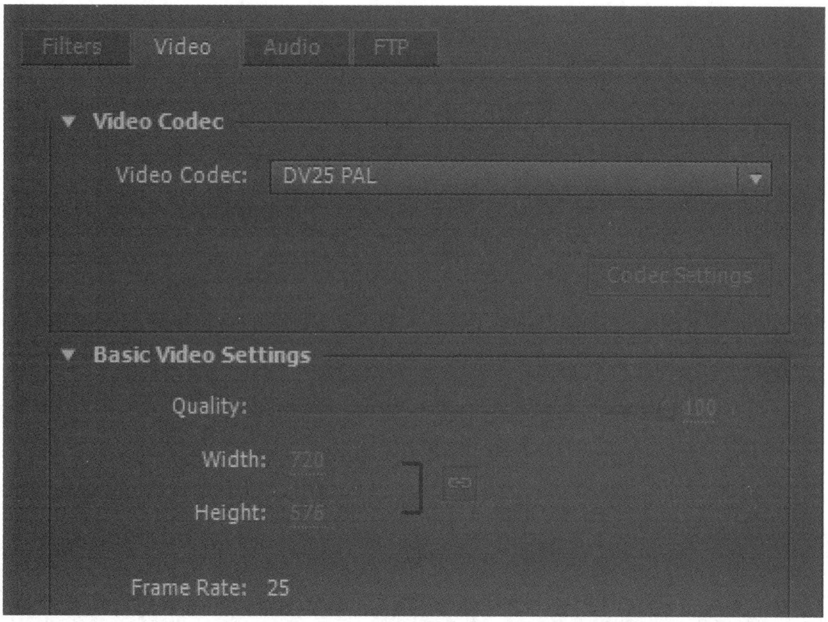

图8-4

STEP 04 切换到"Audio"选项卡,对声音的压缩模式、采样率等参数进行调整。设置"Audio Codec"为"Uncompressed"(无压缩格式), "Sample Rate"(采样率)为48000Hz, "Channels"(通道)为"Stereo"(立体声), "Sample Size"(采样大小)为16bit,如图8-5所示。

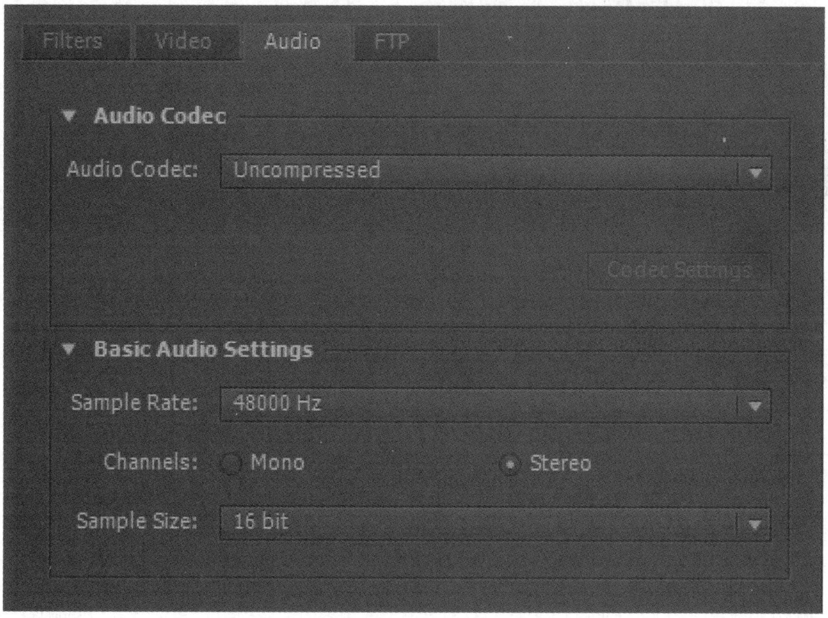

图8-5

STEP 05 完成输出设置后,需要将其添加到Adobe Encoder中进行输出,单击"Export Settings"对话框中的"Queue"按钮(单击"Export"按钮也可直接进行输出),如图8-6所示,进入Adobe Media Encoder输出界面,单击按钮 ▶ 即可渲染输出,如图8-7所示。

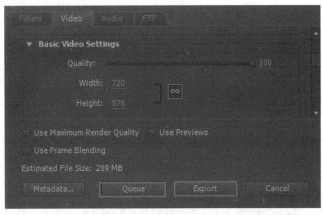

图8-6

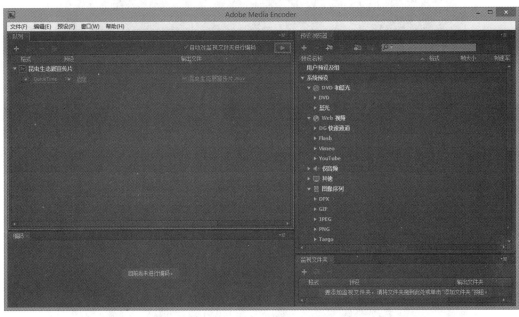

图8-7

任务2 音频文件输出

📺 任务背景

本任务会将昆虫生态展宣传片的音频单独进行输出。在宣传片的制作中，经常会在 Adobe Premiere Pro CS6中先对影片的声音进行编辑，然后将声音导出，在合成影片时根据音频的节奏对视频画面进行剪辑。因此，在对音频文件进行处理后，必须将其输出，形成可以在播放器上播放的文件格式。

📺 任务要求

将昆虫生态展宣传片的音频文件进行输出。

播出平台：多媒体、中央电视台及地方电视台
制式：PAL制式

任务分析

在输出时需要对输出的音频格式进行选择，Adobe Premiere Pro CS6可以输出多种音频格式，在制作中需要选择既能保证音频质量又能在大多数播放器上进行播放的音频格式。

本任务掌握要点

音频的输出设置，音频格式的选择。

技术要点：音频输出的参数设置。
问题解决：针对不同的应用领域和平台需要设置输出不同的音频格式。
应用领域：影视后期
素材来源：光盘:\素材文件\模块08\素材
作品展示：无

任务详解

STEP 01 在时间线上编辑音频素材。在要进行输出的“Sequence”面板的任何位置单击鼠标左键，激活当前时间线的序列，如图8-8所示。

昆虫生态展宣传片
00:00:00:00
Video 3
Video 2
Video 1
Audio 1
昆虫生态展宣传片.mpeg Volume:Level
Audio 2
Audio 3
Master

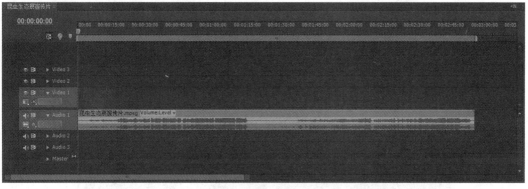

图8-8

STEP 02 执行“File”→“Export”→“Media”命令，如图8-9所示，打开“Export Settings”对话框。

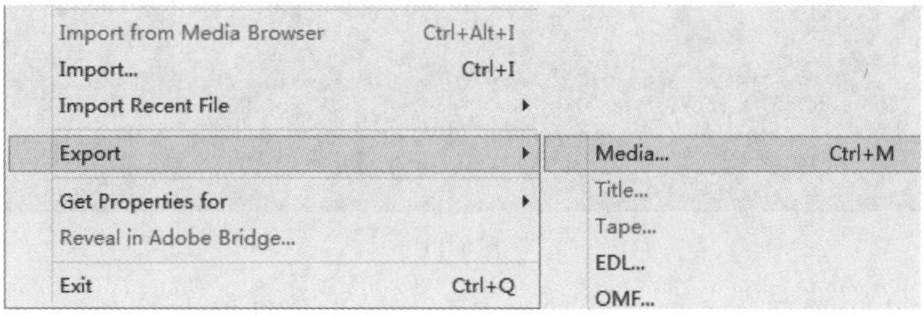

Import from Media Browser Ctrl+Alt+I
Import... Ctrl+I
Import Recent File
Export
Get Properties for
Reveal in Adobe Bridge...
Exit Ctrl+Q
Media... Ctrl+M
Title...
Tape...
EDL...
OMF...

图8-9

对音频输出进行相应的设置，如图8-10所示。

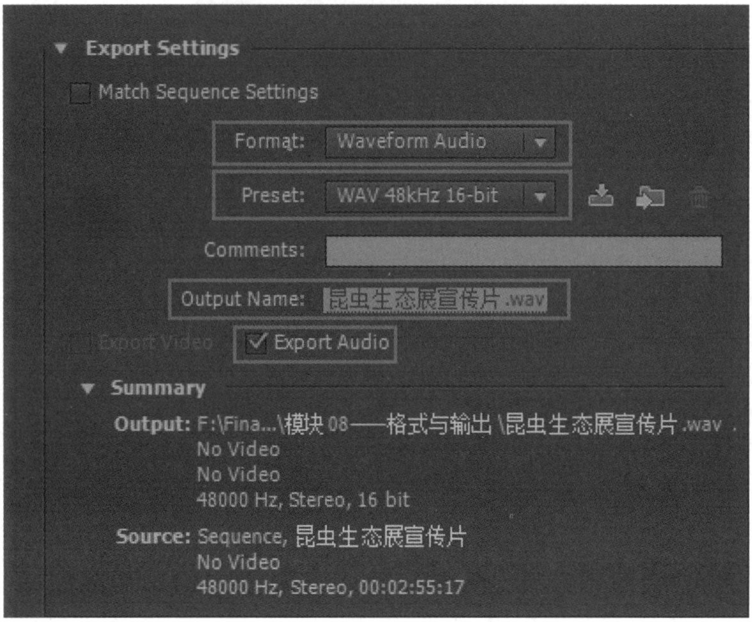

图8-10

- 将"Format"设置为"Waveform Audio"格式。
- 修改"Preset"（预设）参数，使其与源序列设置相匹配，本例中选择"WAV 48kHz 16-bit"。
- 将"Output Name"设置为想要的文件名，如"昆虫生态展宣传片.wav"。
- 选中"Export Audio"复选框。

STEP 04 切换到"Audio"选项卡，对声音的压缩模式、采样率等参数进行调整。设置 "Audio Codec"为"Uncompressed"，"Sample Rate"为48000Hz，"Channels"为Stereo， "Sample Size"为16bit，如图8-11所示。

图8-11

STEP 05 完成输出设置后，单击"Export Settings"对话框中的"Queue"按钮（单击

"Export"按钮也可直接进行输出），如图8-12所示，进入Adobe Media Encoder输出界面，单击按钮 即可渲染输出，如图8-13所示。

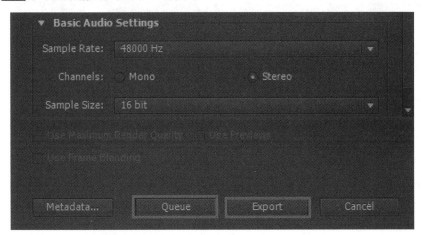

图8-12

图8-13

知识点1 视频格式

视频是现在多媒体系统中的重要一环。为了适应储存视频的需要，人们设定了不同的视频文件格式，把视频和音频放在一个文件中，以方便同时播放。视频文件实际上就是在一个容器里面包裹着不同的轨道，使用的容器的格式关系到视频文件的可扩展性。

视频格式可以分为适合本地播放的本地影像视频和适合在网络中播放的网络流媒体影像视频。尽管后者在播放的稳定性和画面质量上可能没有前者优秀，但网络流媒体影像视频的广泛传播性，使之正被广泛应用于视频点播、网络演示、远程教育、网络视频广告等互联网信息服务领域。

（1）MPEG格式

MPEG（运动图像专家组），英文全称是"Moving Pictures Experts Group/Motion Pictures Experts Group"，包括MPEG-1、MPEG-2和MPEG-4在内的多种视频格式。MPEG-1相信是大家接触得最多的格式了，因为其正被广泛地应用于VCD的制作和一些视频片段下载的网络应用上，大部分VCD都是用MPEG-1格式压缩的（刻录软件自动将MPEG-1转换为DAT格式），使用MPEG-1的压缩算法，可以把一部120分钟长的电影压缩到1.2GB左右大小。MPEG-2则被应用在DVD的制作上，同时在一些高清电视和一些高要求的视频编辑、处理上也有相当多的应用。使用MPEG-2的压缩算法压缩一部120分钟长的电影，可以将其压缩到5～8GB左右大小（MPEG-2的图像质量是MPEG-1无法比拟的）。MPEG系列标准已成为国际上影响最大的多媒体技术标准，其中MPEG-1和MPEG-2是采用相同原理为基础的预测编码、变换编码、熵编码及运动补偿等第一代数据压缩编码技术；MPEG-4（ISO/IEC 14496）则是基于第二代压缩编码技术制定的国际标准，它以视听媒体对象为基本单元，采用基于内容的压缩编码，以实现数字视音频、图形合成应用及交互式多媒体的集成。MPEG系列标准对VCD、DVD等视听消费电子产品及数字电视、高清电视（DTV&HDTV）、多媒体通信等信息产业的发展产生了巨大而深远的影响。

（2）MOV格式

美国Apple公司开发的一种视频格式，默认播放器是苹果的QuickTime Player。QuickTime提供了两种标准图像和数字视频格式，可以支持静态的PIC和JPG图像格式，动态的基于Indeo压缩法的MOV和基于MPEG压缩法的MPG视频格式。MOV格式具有较高的压缩比率和较完美的视频清晰度，但是其最大的特点还是跨平台性，不仅能支持MacOS，同样也能支持Windows系列。

（3）AVI格式

AVI，英文全称是"Audio Video Interleaved"，即音频视频交叉存取格式。AVI格式调用方便、图像质量好，可任意选择压缩标准，是应用最广泛、应用时间最长的格式之一。1992年初，Microsoft公司推出了AVI技术及其应用软件VFW（Video for Windows）。在AVI文件中，运动图像和伴音数据以交织的方式存储，并独立于硬件设备。这种按交替方式组织音频和视像数据的方式，使读取视频数据流时能更有效地从存储媒介中得到连续的信息。构成一个AVI文件的主要参数，包括视像参数、伴音参数和压缩参数等。AVI文件用的是AVI RIFF形式，AVI RIFF形式由字符串"AVI"标识。

所有的AVI文件都包括两个必须的LIST块，这些块定义了流和数据流的格式，AVI文件可能还包括一个索引块。只要遵循这个标准，任何视频编码方案都可以使用在AVI文件中，这意味着AVI格式有着非常好的扩充性。由于AVI格式本身的开放性，获得了众多编码技术研发商的支持，不同的编码使得AVI格式不断被完善，现在几乎所有运行在电脑中的通用视频编辑系统都是以支持AVI格式为主的。AVI格式的出现，宣告了电脑哑片时代的结束，不断完善的AVI格式代表了多媒体在电脑上的兴起。说到AVI格式，就不能不提起Intel公司的Index Video系列编码，Index编码技术是一款用于电脑视频的高性能的、纯软件的视频压缩/解压解决方案。Index音频软件能提供高质量的压缩音频，可用于互联网、企业内部网和多媒体应用方案等。它既能进行音乐压缩，也能进行声音压缩，压缩比可达8∶1，没有明显的质量损失。Index技术有助于构建内容更丰富的多媒体网站，被广泛应用于动态效果演示、游戏过场动画、非线性素材保存等方面，是目前使用最广泛的一种AVI编码技术。现在Index编码技术及其相关软件产品已经被Ligos Technology公司收购。随着MPEG的崛起，Index面临着极大的挑战。

（4）FLV格式

FLV的英文全称是"Flash Video"。随着Flash MX的推出，Macromedia公司开发了属于自己的流媒体视频格式——FLV格式。FLV流媒体格式是一种新的视频格式，由于它形成的文件极小、加载速度极快，使网络观看视频文件成为可能。FLV视频格式的出现有效地解决了将视频文件导入Flash后，使导出的SWF格式文件体积庞大，不能在网络上很好地使用等问题。FLV格式是在Sorenson公司压缩算法的基础上开发出来的，Sorenson公司也为MOV格式提供算法。FLV格式不仅可以轻松地被导入Flash中，同时也可以通过RTMP协议从Flashcom服务器上流式播出。因此，目前国内外主流的视频网站都使用这种格式的视频在线观看。

（5）MKV格式

MKV不是一种压缩格式，而是Matroska的一种媒体文件。Matroska是一种新的多媒体封装格式，也被称为"多媒体容器"（Multimedia Container）。它可将多种不同编码的视频、16条以上不同格式的音频和不同语言的字幕流封装到一个Matroska Media文件中。MKV最大的特点就是能容纳多种不同类型编码的视频、音频及字幕流。MKV不同于DivX、XviD等视频编码格式，也不同于MP3、Ogg等音频编码格式。MKV只是为这些音、视频提供外壳的组合和封装格式，换句话说，就是一种容器格式，常见的AVI、VOB、MPEG、RM格式其实也都属于这种类型。但它们要么结构陈旧，要么不够开放，这才促成了MKV这类新型多媒体封装格式的诞生。

（6）F4V格式

作为一种更小、更清晰、更有利于在网络传播的格式，F4V正逐渐取代传统的FLV，并且已经被大多数主流播放器兼容播放，而不需要通过转换等复杂的方式。

提 示

目前主流网站的视频格式基本上处于由FLV格式向F4V格式过渡的阶段。就现阶段而言，主要还是以FLV视频格式偏多。但是相较于FLV格式，在同等编码的情况下，F4V格式的体积可以更小，质量可以更好，因此发展速度非常快，取代FLV格式只是时间问题。

（7）MP4格式

MP4无外乎有三种概念，一种是指继MP3之后的音乐格式。从技术层面上讲，MP4使用的是MPEG-2 AAC技术，也就是简称为"A2B"或"AAC"的技术。它的特点是音质更加完美而压缩比更大（15∶1～20∶1），它增加了诸如对立体声的完美再现、比特流效果音扫描、多媒体控制、降噪等MP3没有的特性，使音频在压缩后仍能完美地再现CD的音质。MP4的另外一种概念是指支持MPEG-4这种视频格式的便携式播放器。MP4（也被称为"MPEG-4"）的第三种概念是指MPEG格式的一种，是活动图像的一种压缩方式。通过这种压缩，可以使用较小的文件提供较高的图像质量，是目前最流行的视频文件格式之一（尤其在网络中）。这种格式的好处是，它不仅可覆盖低频带，也可向高频带发展。MP4从其提出之日起就引起了人们的广泛关注，目前MP4使用的最流行的压缩方式为DivX和XviD。经过以DivX或者XviD为代表的MP4技术处理过的DVD节目，图像的视频、音频质量下降不大，但体积却缩小到原来的几分之一，可以很方便地用两张650MB容量的普通CD-ROM来保存生成的文件，用一张盘就可以容纳100分钟左右的一部电影，而此时的画面质量明显优于VCD。

（8）DV-AVI格式

DV的英文全称是"Digital Video"，是由索尼、松下、JVC等多家厂商联合提出的一种家用数字视频格式。目前非常流行的数码摄像机就是使用这种格式记录视频数据的。它可以通过电脑的IEEE 1394端口传输视频数据到电脑，也可以将电脑中编辑好的视频数据回录到数码摄像机中。这种视频格式的文件扩展名一般也是".avi"，所以习惯上称之为DV-AVI格式。

（9）3GP格式

3GP是一种3G流媒体的视频编码格式，主要是为了配合3G网络的高传输速度而开发的，是目前手机中最为常见的一种视频格式。市面上一些安装有Real Player播放器的智能手机可直接播放扩展名为".rm"的文件。这样一来，在智能手机中欣赏一些RM格式的短片就不是什么难事了。然而，大部分手机并不支持RM格式的短片，如果要在这些手机上实现短片播放，则必须采用一种3GP视频格式。有许多具备摄像功能的手机拍出来的短片文件其实都是以".3gp"为扩展名的，其特点是网速占用较少，但画质较差。

（10）DivX格式

这是由MPEG-4衍生出的另一种视频编码（压缩）标准，也即通常所说的DVDrip格式，它采用了MPEG-4的压缩算法，同时又综合了MPEG-4与MP3各方面的技术。事实上，DivX就是使用DivX压缩技术对DVD盘片的视频图像进行高质量压缩，同时使用MP3或AC3对音频进行压缩，然后再将视频与音频合成，并加上相应的外挂字幕文件而形成的一种视频格式，其画质直逼DVD，并且体积只有DVD的数分之一。

（11）ASF格式

ASF的英文全称是"Advanced Streaming format"，即高级流格式。ASF是Microsoft为了和RealPlayer竞争而发展出来的一种可以直接在网络上观看视频节目的文件压缩格式。ASF使用了MPEG-4的压缩算法，压缩率和图像的质量都很不错。因为ASF是以一个可以在网络上即时观赏的视频流格式存在的，所以它的图像质量比VCD差，但又比同是视频流格式的RAM格式要好。RAM格式文件是Real公司对于RM/RA格式的改进版，它改进流媒体协议的支持程度，但图像质量有所下降，多用于网络视频传输。

RM/RA格式与RAM格式文件主要区别，在于所用的REAL编码器版本不同。

(12) WMV格式

WMV的英文全称为"Windows Media Video"，也是Microsoft公司推出的一种采用独立编码方式并且可以直接在网络上实时观看视频节目的文件压缩格式。WMV格式的主要优点包括本地或网络回放、可扩充的媒体类型、可伸缩的媒体类型、多语言支持、环境独立性、丰富的流间关系以及扩展性等。

(13) RM格式

Networks公司所制定的音频视频压缩规范被称为"Real Media"（缩写为RM）。用户可以使用RealPlayer或RealOne Player对符合RealMedia技术规范的网络音频/视频资源进行实况转播，并且RealMedia还可以根据不同的网络传输速率制定出不同的压缩比率，从而实现在低速率的网络上进行影像数据的实时传送和播放。这种格式的另一个特点是用户使用RealPlayer或RealOne Player播放器可以在不下载音频/视频内容的条件下实现在线播放。

(14) RMVB格式

RMVB是一种由RM视频格式升级延伸出的新视频格式。它的先进之处在于打破了原先RM格式那种平均压缩采样的方式，在保证平均压缩比的基础上合理利用比特率资源，也就是说，静止和动作场面少的画面场景采用较低的编码速率，这样可以留出更多的带宽空间，而这些带宽空间会在出现快速运动的画面场景时被利用。RMVB格式在保证了静止画面质量的前提下，大幅地提高了运动图像的画面质量，从而在图像质量和文件大小之间达到了微妙的平衡。

(15) NAVI格式

NAVI的英文全称是"New AVI"，是由名为"Shadow Realm"的一个地下组织发展起来的一种新视频格式。它是由Microsoft ASF压缩算法修改而来（并不是AVI）。视频格式追求的无非是压缩率和图像质量，NAVI为了追求这个目标，改善了原始的ASF格式的一些不足，让NAVI可以拥有更高的帧率。可以这样说，NAVI是一种去掉视频流特性的改良型ASF格式。

知识点2 视频编码

数字视频技术被广泛应用于通信、电脑、广播电视等领域，带来了会议电视、可视电话、数字电视、媒体存储等一系列新兴事物，促使了许多视频编码标准的产生。ITU-T与ISO/IEC是制定视频编码标准的两大组织，ITU-T关于视频编码的标准包括H.261、H.262、H.263，主要被应用于实时视频通信领域，如会议电视；MPEG系列标准是由ISO/IEC制定的，主要被应用于视频存储（DVD）、广播电视、互联网或无线网上的流媒体等。两个组织也共同制定了一些标准，H.262视频压缩标准等同于MPEG-2的视频编码标准，而最新的H.264标准则被纳入MPEG-4的第10部分。

视频编码是指通过特定的压缩技术，将某个视频格式的文件转换成另一种视频格式文件的方式。视频流传输中最为重要的编解码标准有国际电联的H.261、H.263，运动静止图像专家组的M-JPEG和国际标准化组织运动图像专家组的MPEG系列标准，此外在互联网上被广泛应用的还有Real-Networks的RealVideo、Microsoft公司的WMV以及Apple公司的QuickTime等。

（1）JPEG

国际标准化组织于1986年成立了JPEG（Joint Photographic Experts Group）联合图片专家组，主要致力于制定连续色调、多级灰度、静态图像的数字图像压缩编码标准，常用的基于离散余弦变换（DCT）的编码方法，是JPEG算法的核心内容。

（2）H.263

H.263标准是甚低比特率的图像编码国际标准，它一方面以H.261为基础，以混合编码为核心，其基本原理框图和H.261十分相似，原始数据和码流组织也相似；另一方面，H.263吸收了MPEG等其他一些国际标准中有效、合理的部分，如半像素精度的运动估计、PB帧预测等，使它的性能优于H.261。H.263使用的比特率可小于64Kb/s，并且传输比特率可不固定（变码率）。H.263支持多种分辨率，如SQCIF（128×96）、QCIF、CIF、4CIF、16CIF。

提 示

视频中比特率的原理与声音中的相同，都是指由模拟信号转换为数字信号的采样率，又被称为"位速率"或者"码率"。

（3）MPEG-1/2

MPEG-1标准用于数字存储体上活动图像及其伴音的编码，其比特率为1.5Mb/s。MPEG-1的视频原理框图和H.261十分相似。MPEG-1视频压缩技术的特点是：随机存取，快速正向/逆向搜索，逆向重播，视听同步，容错性，编/解码延迟。MPEG-1的视频压缩策略是：为了提高压缩比，帧内/帧间的图像数据压缩技术必须同时使用。帧内压缩算法与JPEG压缩算法大致相同，采用基于DCT的变换编码技术，用以减少空域冗余信息。帧间压缩算法，采用预测法和插补法。预测误差可再通过DCT变换编码处理，并进行进一步压缩。帧间编码技术可减少时间轴方向的冗余信息。

MPEG-2被称为"21世纪的电视标准"，它在MPEG-1的基础上做了许多重要的扩展和改进，但基本算法和MPEG-1相同。

（4）H.264/AVC

H.264集中了以往标准的优点，并吸收了以往标准制定中积累的经验，采用简洁设计，使它比MPEG-4更容易被推广。H.264创造性地采用了多参考帧、多块类型、整数变换、帧内预测等新的压缩技术，使用了更精细的分像素运动矢量（1/4、1/8）和新一代的环路滤波器，使压缩性能大大提高，系统更加完善。

（5）JVT

JVT是是由ISO/IEC MPEG和ITU-T VCEG成立的联合视频工作组（Joint Video Team），致力于新一代数字视频压缩标准的制定。JVT标准在ISO/IEC中的正式名称为"MPEG-4 AVC（Part10）标准"，在ITU-T中的名称是"H.264"（早期被称为"H.26L"）。

（6）MPEG-4

MPEG-4标准并非是MPEG-2的替代品，它着眼于不同的应用领域。MPEG-4的制定初衷主要是针对视频会议、可视电话甚低比特率（小于64Kb/s）的压缩需求。在制定过程中，MPEG组织深深感受到人们对媒体信息，特别是对视频信息的需求，已由播放型转向基于内容的访问、检索和操作。

MPEG-4与前面提到的JPEG、MPEG-1/2有很大的不同。它为多媒体数据压缩编码提供了更为广阔的平台，它定义的是一种格式，一种框架，而不是具体算法，它希望建立一种更自由的通信与开发环境。于是MPEG-4新的目标定义为：支持多种多媒体的应用，特别是多媒体信息基于内容的检索和访问，可根据不同的应用需求现场配置解码器；编码系统也是开放的，可随时加入新的有效的算法模块。应用范围包括实时视听通信、多媒体通信、远程监测/监视、VOD、家庭购物/娱乐等。

（7）VP6格式的AVI

VP6格式的AVI也是一种MPEG-4的编码格式，是On2 Technologies开发的编码器。VP6号称在同等码率下，其视频质量超过了Windows Media 9、Real 9和H.264。VP6视频编码器被中国的EVD所采用。最新版本是VP6 vfw Codec 6.2.6.0。

（8）XVID格式的AVI

XVID格式的AVI也是MPEG-4的一种，可以说是从DivX变种而来，据说是XviD的原作者不满意DivX商业化的收费行为，进而开发的一种全免费的MPEG-4编码核心，安装最新的XviD（1.02版）就可以播放。

知识点3　图片格式

图片格式是指电脑存储图片的格式，常见的存储格式有BMP、JPEG、TIFF，GIF、PCX、TGA、EXIF、FPX、SVG、PSD、CDR、PCD、DXF、UFO、EPS、AI、RAW等。

（1）BMP格式

BMP是英文"Bitmap"（位图）的缩写。它是Windows操作系统中的标准图像文件格式，能够被多种Windows应用程序所支持。随着Windows操作系统的流行与丰富的Windows应用程序的开发，BMP位图格式理所当然地被广泛应用。这种格式的特点是包含的图像信息较丰富，几乎不进行压缩，但由此导致了它与生俱来的缺点——占用磁盘空间过大，所以BMP目前在单机上比较流行。

（2）GIF格式

GIF是英文"Graphics Interchange Format"（图形交换格式）的缩写。顾名思义，这种格式是用来交换图形的。事实上也是如此，20世纪80年代，美国一家著名的在线信息服务机构CompuServe针对当时网络传输带宽的限制，开发出了这种GIF图像格式。

GIF格式的特点是压缩比高，磁盘空间占用较少，所以这种图像格式迅速得到了广泛的应用。最初的GIF格式只是简单地被用来存储单幅静止图像（被称为"GIF87a"），随着技术的发展，GIF格式可以同时存储若干幅静止图像，进而形成连续的动画，这使之成为当时支持2D动画为数不多的格式之一（被称为"GIF89a"）。在GIF89a图像中可指定透明区域，使图像具有非同一般的显示效果，这更使GIF格式风头十足。目前互联网上大量采用的彩色动画文件多为这种格式的文件，也被称为"GIF89a格式文件"。

此外，考虑到网络传输中的实际情况，GIF格式还增加了渐显功能，也就是说，在图像传输过程中，用户可以先看到图像的大致轮廓，随着传输过程的继续而逐步看清图像中的细节部分，从而迎合了用户"从朦胧到清楚"的观赏心理。

但GIF格式有个小小的缺点，即不能存储超过256色的图像。尽管如此，这种格式的应用仍在网络上大行其道，这和GIF格式文件小、下载速度快、可用许多具有同样大小的图像文件组成动画等优势是分不开的。

（3）JPEG格式

JPEG也是常见的一种图像格式，它由联合图片专家组（Joint Photographic Experts Group）开发，并被命名为"ISO 10918-1"，JPEG仅仅是一种俗称而已。JPEG文件的扩展名为".jpg"或".jpeg"，其压缩技术十分先进，用有损压缩方式去除冗余的图像和彩色数据，在获取极高的压缩率的同时展现十分丰富生动的图像，换句话说，就是可以用较少的磁盘空间得到较好的图像质量。

JPEG还是一种很灵活的图像格式，具有调节图像质量的功能，允许用不同的压缩比例对这种文件进行压缩。例如，最高可以把1.37MB的BMP位图文件压缩至20.3KB，完全可以在图像质量和文件尺寸之间找到平衡点。

由于JPEG格式优异的品质和杰出的表现，它的应用也非常广泛，特别是在网络和光盘读物领域。目前各类浏览器均支持JPEG这种图像格式，因为JPEG格式的文件较小，下载速度快，使网页有可能以较短的下载时间提供大量美观的图像，JPEG格式也就顺理成章地成为网络上最受欢迎的图像格式。

（4）JPEG 2000格式

JPEG 2000格式同样是由JPEG组织负责制定的，它有一个正式名称是"ISO 15444"。与JPEG格式相比，它具备更高压缩率以及更多功能的新一代静态影像压缩技术。

JPEG 2000格式作为JPEG格式的升级版，其压缩率比JPEG格式高约30%左右。与JPEG格式不同的是，JPEG 2000格式同时支持有损和无损压缩，而JPEG格式只支持有损压缩，无损压缩对保存一些重要图像十分有用。JPEG 2000格式的一个极其重要的特征在于，它能实现渐进传输，这一点与GIF格式的渐显功能有异曲同工之妙，即先传输图像的轮廓，然后逐步传输数据，不断提高图像质量，让图像由朦胧到清晰显示，而不必像现在的JPEG格式一样，由上到下慢慢显示。

此外，JPEG 2000格式还支持所谓的"感兴趣区域"特性，可以任意指定影像上感兴趣区域的压缩质量，还可以选择指定的部分先解压缩。JPEG 2000格式和JPEG格式相比优势明显，且向下兼容，因此取代传统的JPEG格式指日可待。

JPEG 2000格式可应用于传统的JPEG格式市场，如扫描仪、数码相机等，也可应用于新兴领域，如网络传输、无线通讯等。

（5）TIFF格式

TIFF的英文全称是"Tagged Image File Format"，是一种主要用来存储包括照片和艺术图片在内的图像的文件格式。TIFF格式最早流行于苹果电脑（MAC），现在Windows主流的图像应用程序也都支持此格式。它由Aldus和Microsoft公司联合开发，最初是针对跨平台存储扫描图像的需要而设计的，特点是图像格式复杂、存贮信息多。正因为TIFF格式存储的图像细微层次的信息非常多，图像的质量也得以提高，因此非常有利于原稿的复制。

该格式有压缩和非压缩两种形式，其中压缩可采用LZW无损压缩方案。不过，由于TIFF格式的结构较为复杂，兼容性较差，因此有时软件可能不能正确识别TIFF格式文件（现在绝大部分软件都已解决了这个问题）。目前在苹果电脑（MAC）和个人电脑（PC）上移植TIFF格式文件也十分便捷，因而TIFF格式现在也是普通电脑上使用最广泛的图像文件格式之一。

（6）PSD格式

这是Adobe公司的图像处理软件Photoshop的专用格式。PSD格式其实是Photoshop进行平面设计的一张"草稿图"，里面包含有各种图层、通道、遮罩等多种设计的样稿，以便于下次打开文件时可以修改上一次的设计。在Photoshop所支持的各种图像格式中，PSD格式的存取速度比其他格式快很多，功能也更强大。由于Photoshop被越来越广泛地应用，所以有理由相信，这种格式也会逐步流行起来。

（7）PNG格式

PNG的英文全称是"Portable Network Graphics Format"，是一种新兴的网络图像格式。在1994年底，由于Unisys公司宣布GIF拥有专利的压缩方法，要求开发GIF软件的作者须缴交一定费用，由此促使免费的PNG格式的诞生。PNG格式一开始便结合GIF格式及JPEG格式两家之长，打算一举取代这两种格式。1996年10月1日PNG向国际网络联盟提出并得到推荐认可，大部分绘图软件和浏览器开始支持PNG格式图像浏览，从此PNG格式焕发生机。

PNG是目前保证最不失真的格式，它汲取了GIF格式和JPEG格式二者的优点，存储形式丰富，兼有GIF格式和JPEG格式的色彩模式；能把图像文件压缩到极限以利于网络传输，但又能保留所有与图像品质有关的信息，因为PNG格式是采用无损压缩方式减少文件的大小，这一点与牺牲图像品质以换取高压缩率的JPEG格式有所不同；PNG格式显示速度很快，只需下载1/64的图像信息就可以显示出低分辨率的预览图像；PNG格式同样支持透明图像的制作，透明图像在制作网页图像时很有用，可以把图像背景设置为透明，用网页本身的颜色信息来代替设置为透明的色彩，这样图像和网页背景就可以很和谐地融合在一起。

PNG格式的缺点是不支持动画应用效果，如果在这方面能有所加强，简直就可以完全替代GIF格式和JPEG格式了。Macromedia公司的Fireworks软件其默认格式就是PNG。现在，越来越多的软件开始支持这一格式，而且在网络上也越来越流行。

（8）SWF格式

利用Flash可以制作出一种后缀名为".swf"的动画。SWF格式的英文全称是"Shock Wave Flash"，这种格式的动画图像能够用比较小的体积来表现丰富的多媒体形式。在图像的传输方面，不必等到文件全部下载才能观看，可以边下载边看，因此非常适合网络传输，特别是在传输速率不佳的情况下。事实也证明了这一点，SWF格式如今已被大量应用于网页，进行多媒体演示与交互性设计。此外，SWF格式的动画是基于矢量技术制作的，因此不管放大多少倍，画面不会因此而有任何损害。至此，SWF格式作品以其高清晰度的画质和小巧的体积，受到了越来越多网页设计者的青睐，也越来越成为网页动画和网页图像设计制作的主流，目前已成为网上动画的事实标准。

（9）SVG格式

SVG格式可以说是目前最炙手可热的图像文件格式之一了，它的英文全称是"Scalable Vector Graphics"，意思为"可缩放的矢量图形"，是基于XML（Extensible Markup Language），由World Wide Web Consortium（W3C）联盟进行开发的。严格来说，应该是一种开放标准的矢量图形语言，可以让设计激动人心的、高分辨率的网络图形页面。用户可以直接用代码来描绘图像，用任何文字处理工具打开SVG格式，通过改变部分代码来使图像具有交互功能，并可以随时插入到HTML中通过浏览器来观看。

它提供了目前网络流行格式GIF和JPEG无法具备的优势，可以任意放大图像显示，但绝不会以牺牲图像质量为代价；在SVG格式图像中能够保留可编辑和可搜寻的状态。一般来说，SVG格式的文件比JPEG格式和GIF格式的文件要小很多，因而下载速度也很快。可以相信，SVG格式的开发将会为网络提供新的图像标准。

知识点4　有损压缩与无损压缩

在世界上的大多数语言中，某些字母和单词经常以相同的模式一起出现，这种高冗余性导致文本文件的压缩率很高。通常大小合适的文本文件的压缩率可以达到50%或更高。大多数编程语言的冗余度也很高，因为它们的命令相对较少，并且命令经常采用一种设定的模式。对于包含大量不重复信息的文件（如图像或MP3文件），则不能使用这种机制来获得很高的压缩率，因为它们不包含重复多次的模式。

此外，文件压缩效率取决于压缩程序使用的具体算法。有些压缩程序在处理某些类型的文件时可以很快地寻找到合适的压缩方法，因此能更有效地压缩这些类型的文件。其他一些压缩程序在使用字典后又二次使用字典进行压缩，这使得它们在压缩大文件时表现很好，但是在压缩较小的文件时则效率不高。尽管这一类的压缩程序都基于同一个基本理念，但是它们的执行方式却各不相同。程序开发人员始终在尝试建立更好的压缩机制。

无损压缩使重新创建的文件与原始文件完全相同。所有无损压缩都基于这样一种理念，将文件变为"较小"的形式以利于传输或存储，并在另一方收到它后可以复原以便重新使用它。有损压缩则利用了人类是对图像或声波中某些频率的成分不敏感的特性，允许压缩过程中损失一定的信息。虽然不能完全恢复原始数据，但是所损失的部分对理解原始图像的影响不大，与此同时却换来了相较之下要大得多的压缩比。有损压缩被广泛应用于语音、图像和视频数据的压缩，常见的声音、图像、视频压缩基本都是有损的。

- 常见的有损压缩的音频格式有MP3、OGG、WMA等。
- 常见的有损压缩的视频格式有AVI（大多数编码）、MOV、ASF、WMV、3GP、QuickTime、REAL VIDEO、MLV及FLV等
- 常见的有损压缩的图像格式有JPEG、GIF、BMP等。

知识点5　音频格式

（1）WAV格式

WAV是Microsoft公司开发的一种声音文件格式，它符合PIFF（Resource Interchange File Format，资源交换档案标准）文件规范，用于保存Windows平台的音频信息资源，被Windows平台及其应用程序所支持。WAV格式支持MSADPCM、CCITT A LAW等多种压缩算法，支持多种音频位数、采样频率和声道，标准格式的WAV文件和CD格式一样，也是44.1KB的采样频率，比特率为88Kb/s，16位量化位数。

（2）MPEG

MPEG指"动态图像专家组"，这个专家组始建于1988年，专门负责为CD建立视频和

音频压缩标准。MPEG音频文件指的是MPEG标准中的声音部分（即MPEG音频层）。目前互联网上的音乐格式以MP3格式最为常见。虽然它是一种有损压缩，但是它的最大优势是以极小的声音失真换来了较高的压缩比。MPEG格式包括MPEG-1、MPEG-2、MPEG-Layer3、MPEG-4。

（3）MP3格式

MP3格式诞生于20世纪80年代的德国。所谓"MP3"，是指MPEG标准中的音频部分根据压缩质量和编码处理的不同被分为三层，分别对应MP1、MP2、MP3这三种声音文件。需要注意的是：MP3音频文件的压缩是一种有损压缩，MP3利用MPEG Audio Layer 3 的技术，使音频编码具有10:1~12:1的高压缩率，基本保持低音频部分不失真，但同时牺牲了声音文件中12KHz~16KHz高音频部分的质量以换取文件的尺寸。相同长度的音乐文件，用MP3格式储存，一般只有WAV文件的1/10，而音质要次于CD格式或WAV格式的声音文件。

> **提 示**
>
> MPEG-3与音频格式MP3不是同一个概念。MP3格式音频压缩所采用的是MPEG-1和MPEG-2当中音频压缩的第三个层次（Layer 3），采样率为16~48kHz，编码速率8~1.5Mb/s。

MP3格式压缩音乐的采样频率有很多种，可以用64Kb/s或更低的采样频率节省空间，也可以用320Kb/s的标准达到极高的音质。使用装有Fraunhofer IIS Mpeg Lyaer3的MP3编码器MusicMatch Jukebox 6.0在128Kb/s的频率下编码一首3分钟的歌曲，得到2.82MB的MP3文件。采用默认的CBR（固定采样频率）技术可以以固定的频率采样一首歌曲，而VBR（可变采样频率）则可以在音乐"忙"的时候加大采样的频率以获取更高的音质，不过产生的MP3文件可能在某些播放器上无法播放。把VBR的级别设定成为与前面的CBR文件的音质基本相同，生成的VBR MP3文件为2.9MB。

MP3问世不久，就凭较高的压缩比12：1和较好的音质创造了一个全新的音乐领域，然而MP3的开放性却最终不可避免地导致了版权之争。在这样的背景下，文件更小，音质更佳，同时还能有效保护版权的MP4就应运而生了。

（4）RealAudio格式

RealAudio主要用于在低速的广域网上实时传输音频信息。现在的RealAudio文件格式主要有RA（RealAudio）、RM（RealMedia，RealAudio G2）、RMX（RealAudio Secured）三种，这些文件的共性在于，随着网络带宽的不同而改变声音的质量，在保证大多数人听到流畅声音的前提下，令带宽较宽敞的听众获得较好的音质。

（5）ACC格式

AAC的英文全称是"Advanced Audio Coding"（高级音频编码技术），是杜比实验室为音乐社区提供的技术。AAC号称最大能容纳48通道的音轨，采样率达96KHz，并且在320Kb/s的数据速率下能为5.1声道音乐节目提供相当于ITU-R广播的品质。和MP3格式比起来，它的音质比较好，也能够节省大约30%的储存空间与带宽，是遵循MPEG-2的规格所开发的技术。

（6）APE格式

APE是Monkey's Audio提供的一种无损压缩格式。Monkey's Audio提供了Winamp的插件支持，这意味着压缩后的文件不再是单纯的压缩格式，而是和MP3格式一样可以播放的音频文件格式。这种格式的压缩比远低于其他格式，能够做到真正无损，因此获得了不少发烧用户的青睐。在现有不少无损压缩方案中，APE是一种有着突出性能的格式，令人满意的压缩比以及飞快的压缩速度，使其成为不少朋友私下交流发烧音乐的上佳选择。

（7）VQF格式

VQF格式是雅马哈公司开发的一种音频文件格式，它的核心是减少数据流量，但保持音质，以达到更高的压缩比。VQF格式的音频压缩率比标准的MPEG音频压缩率高很多，可以达到18∶1左右甚至更高。也就是说，把一首4分钟的歌曲（WAV文件）压缩成MP3格式，大约需要4MB左右的硬盘空间，而同一首歌曲，如果使用VQF音频压缩技术，则只需要2MB左右的硬盘空间。因此，在音频压缩率方面，MP3格式和RA格式都不是VQF格式的对手。在相同情况下进行压缩后，VQF格式的文件体积比MP3格式小近一半，更有利于网上传播，同时音质极佳，接近CD音质（16位44.1kHz立体声）。可以说，技术是很先进的，但由于宣传不力，这种格式很难有用武之地。VQF格式可以用雅马哈公司的播放器播放，同时雅马哈公司也提供从WAV文件转换到VQF文件的软件。

（8）MIDI格式

MIDI的英文全称是"Musical Instrument Digital Interface"，被经常玩音乐的人使用。MIDI格式允许数字合成器与其他设备交换数据。MIDI文件并不是一段录制好的声音，而是记录声音的信息，然后在通过声卡再现音乐的一组指令。一个MIDI文件每存1分钟的音乐大约只需要5～10KB。MIDI文件主要用于原始乐器作品、流行歌曲的业余表演、游戏音轨以及电子贺卡等。MIDI文件重放的效果完全依赖声卡的档次，它的最大用处是在电脑作曲领域。MIDI文件可以用作曲软件写出，也可以通过声卡的MIDI接口把外接音序器演奏的乐曲输入电脑里，制成MIDI文件。

（9）AU

AU格式是SUN公司推出的一种数字音频格式，原先是UNIX操作系统下的数字声音文件。早期互联网上的Web服务器主要是基于UNIX的，因此，AU格式的文件在如今的互联网中也是常用的声音文件格式。

（10）WMA格式

WMA是Windows Media Audio编码后的文件格式，由Microsoft公司开发。在64Kb/s的码率下，WMA格式可以达到接近CD的音质。和以往的编码不同，WMA格式支持防复制功能，支持通过Windows Media Rights Manager加入保护，可以限制播放时间和播放次数，甚至播放的机器等。WMA格式支持流技术，即边读边播放，因此WMA格式可以很轻松地实现在线播放。由于WMA格式是Microsoft公司的杰作，Microsoft公司在Windows中加入了对WMA格式的支持。WMA格式有着优秀的技术特征，在Microsoft公司的大力推广下，这种格式被越来越多的人所接受。

任务3　图像序列输出

🖥 任务背景

　　影片输出是整个制作流程中非常重要的一个环节。本章节之前的两个任务分别介绍了视频格式的输出和音频格式的输出，以下任务以昆虫生态展宣传片作为素材，对其进行图像序列的输出，了解并掌握图像序列输出与视频格式输出在设置上的不同。

🖥 任务要求

　　将昆虫生态展宣传片素材的前30秒内容输出成为JPEG格式的图像序列，了解JPEG格式的特点。

> 播出平台：多媒体
>
> 制式：PAL制式
>
> 输出格式：JPEG

🖥 本任务掌握要点

> 技术要点：设置输出格式为JPEG，注意不要将图像序列输出为视频。
>
> 问题解决：利用Adobe Media Encoder进行画面输出。
>
> 应用领域：影视后期
>
> 素材来源：光盘:\素材文件\模块08\参考效果\昆虫生态展宣传品.mov
>
> 作品展示：无

🖥 任务分析

_____

_____

_____

_____

_____

_____

🖥 主要操作步骤

一、单选题

1. 以下选项中，（　　）属于视频格式。

    A. MP3　　　　　　　　　　　　　B. WAV

    C. TGA　　　　　　　　　　　　　D. AVI

2. Adobe Premiere Pro CS6能够输出的图片格式是（　　）。

    A. MPEG　　　　　　　　　　　　B. AI

    C. RMVB　　　　　　　　　　　　D. MOV

二、多选题

1. 在以下选项中，（　　）属于有损压缩格式。

    A. AVI　　　　　　　　　　　　　B. TGA

    C. QuickTime　　　　　　　　　　D. MP3

2. 下列选项中对GIF格式的特点描述正确的是（　　）。

    A. 压缩比高

    B. 磁盘空间占用较少

    C. 可以同时存储若干幅静止图像，进而形成连续的动画

    D. 不能存储超过256色的图像

3. Microsoft公司推出的视频格式是（　　）。

    A. MOV

    B. WMV

    C. RMVB

    D. AVI

三、填空题

1. 压缩方式主要分为_____和_____。

2. Adobe Premiere Pro CS6能够输出音频、_____、_____等格式。

3. 视频信号可以分为_____和_____两种传输方式。

四、简答题

在所观看的视频中，大多数都经过了压缩处理，压缩方式主要分为有损压缩和无损压缩。请结合本章节内容分析有损压缩与无损压缩有什么优缺点。

学习心得

模块

09 纯美新西兰宣传片

任务参考效果图：

能力掌握：

1. 了解并掌握对视频进行调色的方法
2. 掌握音频剪辑的节奏
3. 掌握模糊效果的应用

重点掌握：

1. 学会给音频添加特效
2. 应用"Fast Blur"（快速模糊）特效制作转场效果

软件知识点：

1. Adobe Premiere Pro CS6中音频素材的剪辑处理
2. 熟悉"Fast Blur"（快速模糊）特效的应用
3. 熟悉"Brightness & Contrast"（亮度与对比度）特效的应用

Pr 模拟制作任务

任务1 利用"Fast Blur"（快速模糊）特效制作转场效果

🖥 任务背景

新西兰由北岛、南岛、斯图尔特岛及其附近一些小岛组成，面积为27万多平方公里，海岸线长约6900公里。新西兰素以"绿色"著称，境内多山，山地和丘陵占其总面积的75%以上，四季温差不大，植物生长十分茂盛，森林覆盖率达29%，天然牧场或农场占国土面积的一半，广袤的森林和牧场使新西兰成为名副其实的绿色王国。北岛多火山与温泉，南岛多冰河与湖泊。

南岛作为旅游胜地，最壮观的是赛尔福特海峡和雄伟的库克山。在赛尔福特海峡，有悬崖峭壁和繁茂的热带雨林。通过一条穿过山岭的隧道直抵海峡的尽头，可以看到世界上最高的瀑布——萨瑟兰瀑布，它的高度达580余米，气势宏伟，辉煌壮丽。喜爱登山的人对库克山会更有兴趣。库克山高约3770米，是新西兰第一高峰，山势巍峨，终年积雪。傍晚日落时是遥望库克山的最佳时刻，夕阳为白雪披上一层瑰丽的粉红色，色彩瞬息万变。在幽谷的衬托下，愈显得山峰峻伟。去库克山的途中，可以看到很多蓝得发亮、宛如宝石般的冰川湖泊，南阿尔卑斯山空气清新冷冽，天空纯净如水，令人心情舒畅。

新西兰风景优美，旅游胜地遍布全国。由于新西兰地处环太平洋火线上，到处都有地热温泉。数百年来，这些地热温泉一直是当地毛利人的最爱，当欧洲人开始注重矿泉的养生功效后，这里便成了流行的疗养胜地。罗托鲁阿以间歇泉和沸泥塘而闻名，是新西兰最著名的温泉乡。北岛的鲁阿佩胡火山和周围14座火山的独特地貌形成了世界罕见的火山地热异常带。在这一区域内，分布着1000多处高温地热喷泉。这些千姿百态的沸泉、喷气孔、沸泥塘和间歇泉形成罕见奇景，吸引了世界各地的游客前来观光。目前，旅游业每年为新西兰带来巨额的外汇收入，成为新西兰主要的经济支柱之一。

新西兰的植被物种丰富，由于新西兰与其他陆地长期隔绝，导致岛上特殊的植物种群和动物种群的进化。这里曾经几乎被常绿的原始森林覆盖，其中包括一些世界上最古老的植物种类。现在这里大约保存有620万公顷的原始森林，其重要性已被人们重新认识，许多国家公园和森林公园的建立都证明了这一点。

新西兰是罕见的鸟类天堂，最著名的是不会飞的奇异鸟——新西兰的非正式国家标志。其他不会飞的鸟还有威卡秧鸡（weka）及濒临灭绝的鸮鹦鹉（kakapo），这是全世界最大的鹦鹉，它只能爬到低矮的灌木或较小的树上；另一种奇特的鸟类是好奇心很重的啄羊鹦鹉（原生高地鹦鹉），这种鹦鹉会飞，以不怕人类和大胆的个性而闻名。

🖥 任务要求

新西兰旅游业的历史十分久远，如今每年有230多万名来自海外的游客前来新西兰观光，旅游业也成为新西兰最大的外汇来源之一。本片要充分向世界展示新西兰的自然景观和生物多样性。

播出平台：多媒体、中央电视台及地方电视台

制式：PAL制式

📺 任务分析

根据任务要求，整理好剪辑制作思路，将宣传片大体分为两个部分。前半部分主要集中展示新西兰的自然美景，让人能够通过视频领略到新西兰绵延的海岸线和壮丽的山峦；后半部分主要介绍植物和动物，旨在让人知道新西兰除了大美风光外，还有非常丰富的物种。在整个制作过程中，需要把握住宣传片的主题定位，控制好音乐对画面情绪的渲染，由于前半部分与后半部分传递的信息有所区别，需要用不同的音乐来区分表达的主要内容。

📺 本任务掌握要点

技术要点："Fast Blur"（快速模糊）转场特效的应用

问题解决：掌握"Fast Blur"（快速模糊）特效菜单命令所表示的具体含义

应用领域：影视后期

素材来源：光盘:\素材文件\模块09\素材

作品展示：光盘:\素材文件\模块09\参考效果\纯美新西兰宣传片.f4v

操作视频：光盘:\操作视频\模块09

📺 任务详解

创建项目工程文件

STEP 01 启动Adobe Premiere Pro CS6，如图9-1所示。在欢迎界面中单击"New Project"按钮，弹出"New Project"对话框，将"Name"设置为"纯美新西兰宣传片"；在"Location"下拉列表中选择存放项目的位置，本例中将项目存放在默认地址处；其余参数保持默认设置，设置完成后单击"OK"按钮，如图9-2所示。

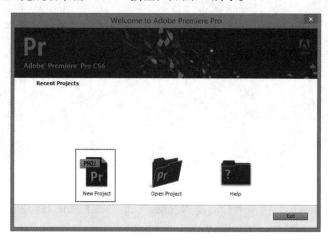

图9-1

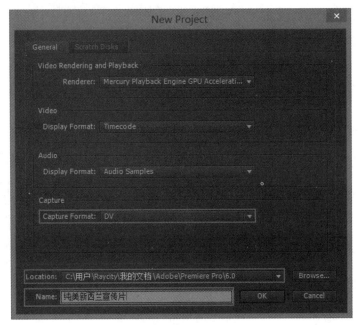

图9-2

STEP 02 进入"New Sequence"对话框，单击"DV-PAL"文件夹左边的三角形图标，展开"DV-PAL"文件夹，选择"Standard 48kHz"选项；在"Sequence Name"文本框中为序列进行命名，本任务将其命名为"纯美新西兰宣传片"，如图9-3所示。

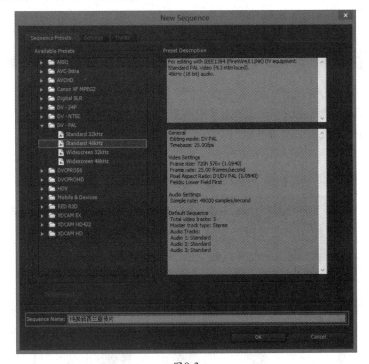

图9-3

STEP 03 切换到"Settings"选项卡，设置"Fields"为"No Fields（Progressive Scan）"（无场逐行扫描），如图9-4所示，设置完成后单击"OK"按钮。

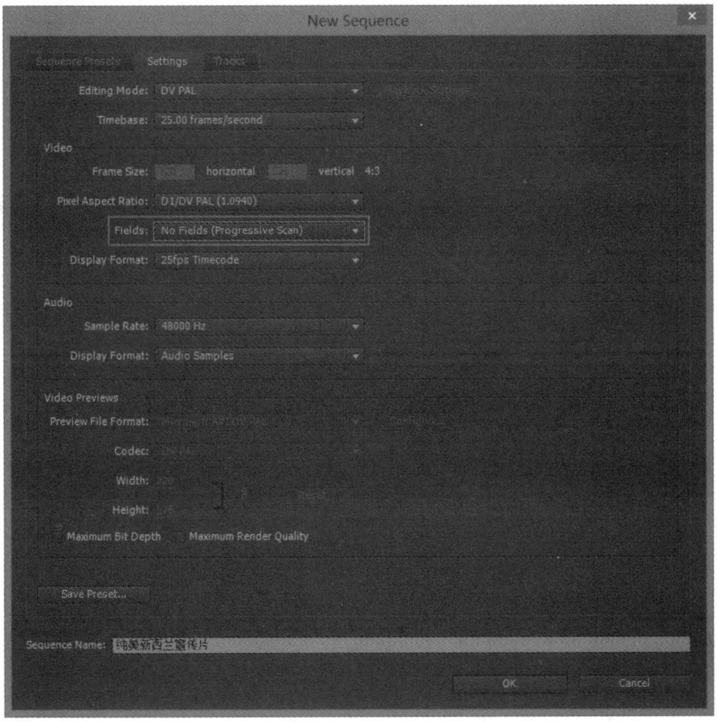

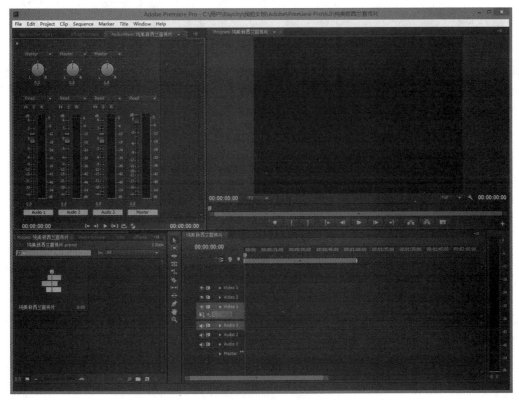

图9-4

STEP 04 进入Adobe Premiere Pro CS6的操作界面，如图9-5所示。

图9-5

导入素材

STEP 05 项目文件创建完毕，下面将需要进行编辑的素材导入到"Project"面板中。在"Project"面板中双击空白处，弹出"Import"对话框，选择素材所在的文件夹，单击"打开"按钮，将素材完整地导入到"Project"面板中，如图9-6所示。

图9-6

STEP 06 由于编辑处理的素材比较多，需要使用素材管理箱对素材进行统一管理，以提高剪辑效率。导入"New Zealand"素材后，执行"File"→"New"→"Bin"命令，创建素材管理箱，如图9-7所示。

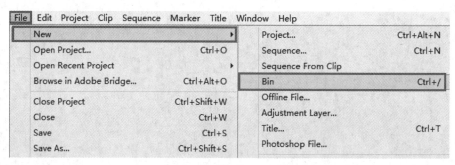

图9-7

STEP 07 在新建立的素材管理箱图标 ![] 上单击鼠标右键，在弹出的快捷菜单中执行"Rename"命令，如图9-8所示，重命名素材管理箱。

STEP 08 根据之前"纯美新西兰宣传片"的剪辑制作思路，建立两个同级的素材管理箱，分别为"自然景观"和"生物多样性"，并通过创建的素材管理箱整理"Project"面板中的所有素材，如图9-9所示。

图9-8

图9-9

双击 "Project" 面板的空白处，弹出 "Import" 对话框，进入素材所在的文件夹，按住Ctrl键选择需要的音频文件 "Music 01.mp3" 和 "Music 02.mp3"，如图9-10所示。

图9-10

单击 "打开" 按钮，把音频素材导入到 "Project" 面板中，如图9-11所示。

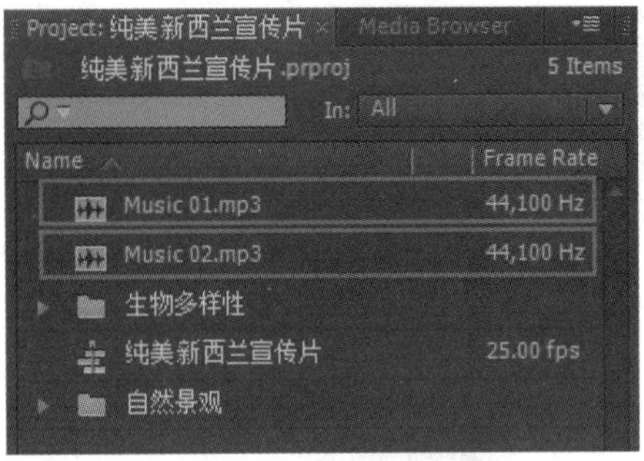

图9-11

向序列中自动添加素材

STEP 11 利用Adobe Premiere Pro CS6的"自动添加到序列"功能,快速整合设定故事板的素材并进行初剪。在清理完故事板后,按Ctrl+A组合键全选"自然景观"素材管理箱中的素材。在"Project"面板下方单击自动添加到序列按钮 ，在弹出的"Automate To Sequence"(自动添加到序列)对话框中设置素材的添加方式、排列顺序以及转场等参数,设置完毕,单击"OK"按钮,所选素材便自动按故事板的顺序添加到序列中,如图9-12所示。

图9-12

STEP 12 按照上一步的操作方法,将"生物多样性"素材管理箱中的素材导入到"Sequence"面板中,如图9-13所示。

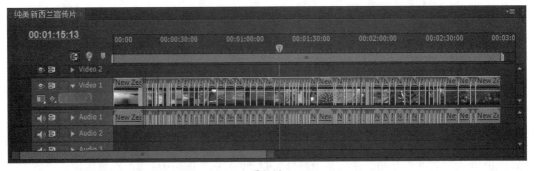

图9-13

STEP 13 在"纯美新西兰宣传片"中，视频素材自带有拍摄时的音频文件。但在制作的过程中，只需要在视频制作的最后加入统一的音乐以对画面进行点缀，不需要视频素材原始自带的音频文件，所以需要对原始素材进行处理，将视频素材与音频素材进行分离并删除原始的音频文件。

STEP 14 将鼠标移动到"Sequence"面板中，框选所有素材后单击鼠标右键，弹出快捷菜单，如图9-14所示，执行"Unlink"（解锁）命令，即可将视频素材和音频素材分离，经过这样的处理，就可以单独选择音频文件了。

STEP 15 选择音频轨道上的音频文件，按Delete键，将音频文件删除，如图9-15所示。

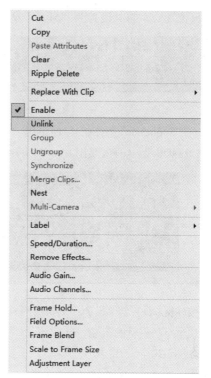

图9-14

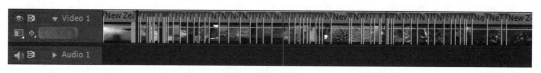

图9-15

音频编辑处理

STEP 16 在"Project"面板中选择音频素材"Music 01.mp3"和"Music 02.mp3"，按住鼠标左键将音频素材拖至"Sequence"面板中的音频轨道中，如图9-16所示。

图9-16

STEP 17 在"Sequence"面板中需要对音频素材进行编辑处理，使其长度匹配视频素材的长度。将时间线指示器移至00:01:15:10位置处，将其设置为"Music 01.mp3"音频素材的最后一帧，如图9-17所示。

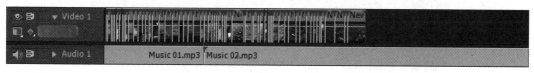

图9-17

STEP 18 采用同样的方法，对"Music 02.mp3"音频素材进行编辑。将时间线指示器移至

00:02:55:11位置处，将其设置为"Music 02.mp3"音频素材的最后一帧，如图9-18所示。

图9-18

STEP19 在"Sequence"面板的左侧调出"Effects"面板，选择"Audio Transitions"（音频转场）→ "Crossfade"（淡入淡出）→ "Constant Gain"（恒定增益）选项，如图9-19所示。

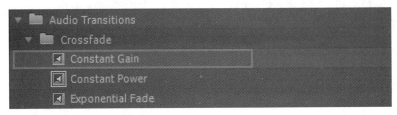

图9-19

STEP20 按住鼠标左键，将"Constant Gain"（恒定增益）特效拖至"Audio 1"音频轨道中"Music 01.mp3"素材的末端，并调节"Constant Gain"（恒定增益）特效与"Music 02.mp3"的位置，如图9-20所示。

图9-20

STEP21 最后，需要为"Music 02.mp3"的末端添加"Constant Gain"（恒定增益）特效，使整体音乐效果缓和结束，如图9-21所示。

图9-21

添加快速模糊效果

STEP22 将时间线指示器移至00:00:55:13位置处，如图9-22所示。

图9-22

STEP23 执行"Window"→"Effects"命令。打开"Effects"面板，单击"Effects"面板中

"Video Effects"（视频特效）左边的三角形图标展开文件夹，再单击"Blur & Sharpen"（模糊与锐化）左边的三角形图标展开文件夹，选择"Fast Blur"（快速模糊）特效，如图9-23所示。

STEP 24 按住"Fast Blur"（快速模糊）特效不放，将其拖动到素材"New Zealand-25.mpg"上。这样，"Fast Blur"（快速模糊）特效就添加完成了，如图9-24所示。

图9-23

图9-24

📌 **提 示**

"Fast Blur"（快速模糊）特效用于设置图像的模糊程度，与"Gausscian Blur"（高斯模糊）特效类似，但在大面积应用时反应速度更快。

Blurriness：调节控制影片的模糊程度。

Blur Dimensions：控制模糊方向，包括水平与垂直、水平、垂直。

Repeat Edge Pixels：当模糊强度很大时，勾选该复选框，可以避免素材的边缘产生黑框现象。

STEP 25 使用"Fast Blur"（快速模糊）特效对画面进行模糊效果的关键帧制作。为了方便制作，在制作之前需要对时间线的显示方式进行修改。默认情况下，时间线素材的参数显示为"Opacity"（不透明度）。现在要对"Fast Blur"（快速模糊）特效进行关键帧的设置，因此，需要将素材显示变更为"Fast Blur"，黄色线的高低代表了"Blurriness"（模糊量）的大小，如图9-25所示。

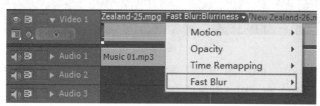

图9-25

STEP 26 采用同样的方法，对"New Zealand-26.mpg"的素材显示进行调整。

STEP 27 单击"Effect Controls"（效果控制）面板，对"Fast Blur"（快速模糊）特效的关键帧进行设置。

STEP 28 单击选择"New Zealand-25.mpg"素材，将时间线指针移至00:00:54:10处。展开"Blurriness"参数选项，将"Blurriness"数值设置为0.0，如图9-26所示；然后将时间线指针移至00:00:55:13处，将"Blurriness"数值设置为50.0，并且勾选"Repeat Edge Pixels"复选框，如图9-27所示。

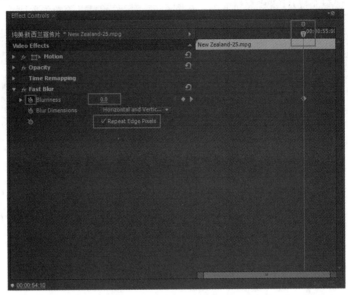

图9-26

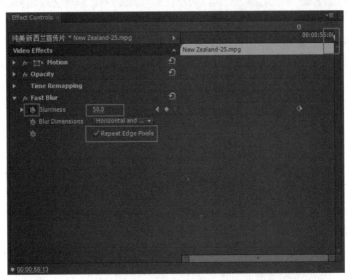

图9-27

STEP 29 选择"New Zealand-26.mpg"素材，将时间线指针移至00:00:55:13处。展开"Blurriness"参数选项，将"Blurriness"数值设置为50.0，如图9-28所示；然后将时间线指针移至00:00:56:20处，将"Blurriness"数值设置为0.0，如图9-29所示。

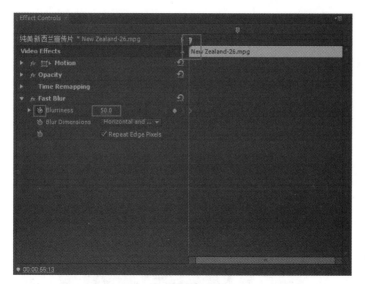

图9-28

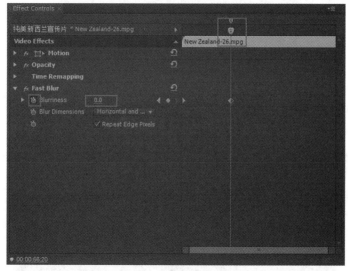

图9-29

调整影片色彩

STEP 30 在剪辑制作的过程中，发现原始素材的色彩对比度可能不够，无法很好地适应整部宣传片的色调，这时需要对素材进行色彩的调整。选择"New Zealand-45.mpg"素材，如图9-30所示。

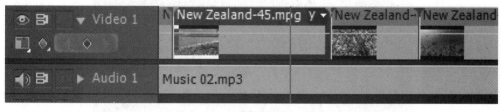

图9-30

STEP 31 执行"Window"→"Effects"命令。打开"Effects"面板，单击"Effects"面板中

"Video Effects"（视频特效）左边的三角形图标展开文件夹，再单击"Color Correction"（色彩校正）左边的三角形图标展开文件夹，选择"Brightness & Contrast"（亮度与对比度）特效，如图9-31所示。

图9-31

STEP 32 按住"Brightness & Contrast"特效不放，将其拖动到"New Zealand-45.mpg"素材上，这样"Brightness & Contrast"（亮度&对比度）就添加完成了，如图9-32所示，视频画面效果如图9-33所示。

STEP 33 特效添加完成后，需要对其参数进行调节。在本例中，不需要对亮度和对比度设置动画，因此不用设置关键帧。由于"New Zealand-45.mpg"视频素材中的画面显示偏灰，需要调节"Contrast"（对比度）参数以提高画面的整体对比度，在此将"Contrast"（对比度）设置为25.0，如图9-34所示，视频画面效果如图9-35所示。

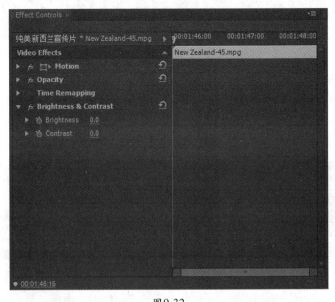

图9-32

图9-33

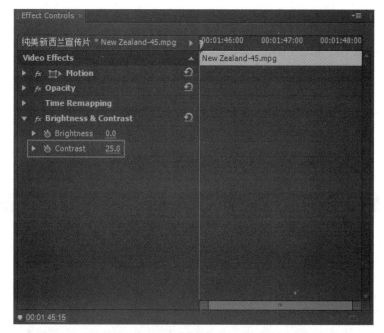

图9-34

图9-35

知识点1　镜头组接的一般规律

1. 镜头的组接要合乎逻辑

镜头的组接必须要符合事物发展的逻辑，符合生活习惯的逻辑，符合认识和思想的逻辑。不符合逻辑，观众就看不懂。影视节目要表达的主题与中心思想一定要明确，在此基础上才能根据观众的思维逻辑选用镜头，并将它们组合在一起。

2. 遵循镜头调度的轴线规律

在对拍摄下来的镜头进行组接时，要使镜头中主体的位置、运动方向保持一致，符合人们的观察规律。在前期拍摄时，由于拍摄者未充分意识到轴线问题，或者在拍摄前期建立并遵循了轴线原则，但在后期剪辑时需打乱原来的镜头顺序重新组合，就可能产生"跳轴"现象。

为了避免"跳轴"现象，在拍摄时必须遵循镜头调度的轴线规律，即在处理两个以上人物的动作方向及相互间的交流时，人物中间有一条无形的线，即"轴线"。摄像机如果跳过轴线到另一边，在将拍摄的镜头进行组接后，就会破坏空间的统一感，造成方向性的错误。

提　示

不管前期拍摄时如何注意避免"跳轴"现象，在后期打乱素材剪辑时还是可能会出现这一现象，可以在剪辑时采取以下补救措施来进行消除或减弱。

- 利用动势改变轴线方向：在两个跳轴镜头中间插入一个人物转身或运动物体转身的镜头，将轴线方向改变过来。
- 插入中性镜头：在两个运动方向相反的镜头中间插入一个无明显方向性的中性镜头，可以减弱"跳轴"现象的影响。
- 借助人物视线：在"跳轴"镜头中间插入一个人物视线变化的镜头，借助人物视线的变化改变轴线方向，清除"跳轴"现象。
- 插入特写镜头：在"跳轴"镜头中间插入一个局部特写或反映特写的镜头，可以减弱"跳轴"现象。需要注意的是，插入的镜头与前后镜头之间要有一定的关联，否则会显得生硬。
- 插入全景镜头：由于全景镜头中主体在画面中所处的位置、运动的方向或动作不是很明显，插入后即使轴向有所变化，但观众视觉上的跳跃感不大，可减弱"跳轴"现象。

3. 镜头长度的选择

一般来说，镜头的景别、画面信息量的多少及画面构成的复杂程度都会影响镜头长度的选择。就景别而言，全景镜头的画面停留时间要长一些，中景镜头要稍短一些，特写镜头更短一些；就画面信息量而言，信息量大时，画面停留时间要稍长一些，画面信息量少时则要短一些；就画面构成的复杂程度而言，画面构成复杂的，画面停留时间要稍长一些，反之则稍短一些。

对于叙述性或描述性的镜头，镜头长度的选择应以观众完全看懂镜头内容所需的时间为准；对于刻画人物心理及反映情绪变化为主的镜头，镜头长度的选择不要按叙述的长度来处理，而应根据情绪的长度来选择，要适当地延长镜头的长度，保持情绪的延续和完整，给观众留下感知和联想的空间。

4. 景别的过渡要自然

要使表现同一被摄对象的两两相邻镜头组接得合理、顺畅、不跳动，需遵循以下原则：

- 景别必须有明显的变化，否则将产生画面的明显跳动。
- 景别的差别不大时，必须改变摄像机的机位，否则也会产生跳动，好像一个连续镜头从中间被截去了一段一样。
- 不能同景别相接。动接动，"动"指的是画面内主体的运动；静接静，"静"指的是画面主体的静止和画面本身是固定的镜头。该镜头组接原则是利用画面内在节奏的一致性，这样就不会显得突兀。

5. 影调与色彩的统一

镜头组接时要注意光线、色调的自然过渡。影调是就黑的画面而言的，黑的画面中的景物，无论原来是什么颜色，都由许多深浅不同的黑白层次组成软硬不同的影调来表现。对于彩色画面，除了影调问题，还有色彩问题。无论是黑白画面还是彩色画面，组接都应该保持影调及色彩的一致性。

提 示

如果把明暗或者色彩对比强烈的两个镜头组接在一起（除特殊需要外），会使人感到生硬和不连贯，影响内容的通畅表达。

---

6. 镜头组接的节奏

影片的题材、样式、风格以及情节的环境气氛，人物的情绪和情节的起伏跌宕等，都是影响节奏的依据。除了通过演员的表演、镜头的转换和运动、音乐的配合，以及场景时间和空间的变化等因素体现节奏外，还需要运用组接手段，严格掌握镜头的尺寸和数量，调整镜头的顺序，删除多余的枝节。也可以说，组接节奏是影片总节奏的最后一个组成部分。

处理影片的任何一个情节或一组画面，都要从影片所表达的内容出发。如果在一个宁静祥和的环境里用快节奏的镜头进行转换，会使观众觉得突兀、跳跃，心理难以承受。在一些节奏强烈、激荡人心的场面中，应考虑到种种冲击因素，使镜头的变化速率与观众的心理要求一致，以调动观众的激动情绪，达到吸引观众的目的。

知识点2　背景音乐

1. 背景音乐的作用

音乐带出影片的节奏，加强情感的气氛，微妙而又直接地操纵观众的情绪，加强了影片的流畅感，为观众诠释了影片的主题。影片画面可以具体逼真地再现真实生活，音乐则主要是表达影片角色的感情。当两者结合时，音乐通过其独特作用强化了画面的感染力和概括力，画面则以其摄像属性赋予音乐以具体性和确定性。

总的来说，音乐是与影片其他元素相结合而产生作用的。

- 抒情

用音乐抒发人物难以用语言表达的情感，刻画人物的心理活动。抒情是影片音乐发挥的最主要的作用，适用于影片中有大量需要表现情感的内容。

- 渲染气氛

音乐能为影片营造一种特定的背景气氛（包括时间和空间的特征），用来深化视觉效果，为画面带来情感的基调。同样是一组公寓中孩子正在独自玩耍的片段，如果使用欢快流畅的背景乐，表明孩子正在享受着快乐时光；反之，如果配上悬疑、惊悚的音乐，则能够使情节变得惊险，暗示着可怕的事情即将发生。通过不同的音乐搭配，可以完全改变影片的调子。

音乐可以只为影片的局部渲染气氛，也可以用来贯穿全片。在后者的前提下，音乐不是简单地重复画面效果，而是细致入微地为影片营造一种整体气氛，强调了画面提供的视觉内容，起着解释画面、烘托并渲染画面的作用。在影片中用音乐来表达对人物和事件的主观态度，如歌颂、同情、哀悼等，这是影片的一种特殊的旁白效果。

- 剧作功能

有的音乐直接参与到影片的情节中，成为推动剧情发展的一个元素。在科幻电影《阿凡达》中，娜美星人为了保护自己的家园，与掠夺者进行了一场激烈的战争，作曲家詹姆斯·霍纳创作出两个阵营在交战前夕的两段不同风格的音乐主题，对比穿插使用，音画同步，敌我分明，推动了整个剧情的发展。

- 连贯作用

可以用音乐来衔接前后两场或更多场戏，组接同一时间不同事件的若干组画面的交替，同一事件若干个不同侧面的各组镜头的交替，影片的时间及空间的跳跃交错等。音乐的这种连贯作用，又被称为"音乐的蒙太奇"

音乐一旦成为影片创作的组成部分，就具有与其他类型音乐不同的、独特的审美特征和审美规律。这种特殊性主要体现在音乐（听觉）与画面（视觉）的相互关系和相互作用之中，研究其规律性是电影音乐美学的基本课题。音乐与电影画面相结合，必然导致新的音乐结构和新的音乐形式的出现，音乐分段陈述、间断出现是其重要特征。音乐与画面以多种方式相结合，结合的基础是它们的内容、感情和运动性。

2. 音画关系

音画关系指的是影片中音乐与画面相结合的关系。音乐是听觉艺术，画面是视觉艺术，两者都是通过一定的时间延续来展示各自的魅力，它们势必会以不同的形式结合在一起。音画关系一般分为音画同步和音画对位两种形式。其中，音画对位又包含音画平行和音画对立；音画同步则表现为音响与画面的紧密结合，音乐情绪与画面情绪的基本一致，音乐节奏与画面节奏的完全吻合。

> **提 示**
>
> 影片的背景乐不但可以营造出不同的气氛，也能表现出任意的情绪，从而带动观众的注意力，符合画面主体的背景音乐可以使人产生喜悦或神秘等感觉。

3. 节奏感

很多时候可以根据音乐的节奏感进行影片剪辑。例如，找到一段符合影片内涵的音乐素材，可以尝试对音乐节奏进行画面编辑，用不同的高潮、鼓点引出一组新的画面。如果说画面是影片的外在表现，那么音乐、音效便是影片的灵魂。它们贯穿全篇，把观众从一个场景带到另一个场景。伴随影片的循序渐进，使观众从喜悦到感动，烘托影片的气氛由平缓到紧张再到豁然。

知识点3　模糊应用

1. 高斯模糊

"Gaussian Blur"（高斯模糊）特效是美国Adobe图像软件公司开发的一款模糊滤镜。在Adobe Premiere Pro CS6中其具体的位置为"Effects"→"Blur & Sharpen"→"Gaussian Blur"。"Gaussian Blur"（高斯模糊）特效的原理是，根据高斯曲线调节像素色值，有选择地模糊图像，即把某一高斯曲线周围的像素色值统计起来，采用数学上加权平均的计算方法得到这一曲线的色值，最后留下对象的轮廓，即曲线。

在Adobe Premiere Pro CS6中，经常会运用"Gaussian Blur"（高斯模糊）特效为视频画面制作模糊效果。"Gaussian Blur"（高斯模糊）特效能够很好地模糊、柔化图像及去除杂点。相较于其他模糊特效，"Gaussian Blur"（高斯模糊）特效可以提供更加细腻的模糊效果。在为"Sequence"面板中的视频素材添加"Gaussian Blur"（高斯模糊）特效后，可以单击打开"Effect Controls"面板观察"Gaussian Blur"（高斯模糊）特效的参数命令，如图9-36所示。"Gaussian Blur"（高斯模糊）特效的参数命令与之前应用的"Fast Blur"（快速模糊）特效的参数命令一致，如图9-37所示。

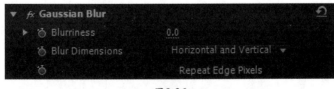

图9-36

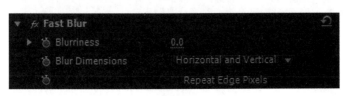

图9-37

尽管"Gaussian Blur"（高斯模糊）特效与"Fast Blur"（快速模糊）特效的参数命令一致，但并不意味着"Gaussian Blur"（高斯模糊）特效与"Fast Blur"（快速模糊）特效是一回事。实际上，"Gaussian Blur"（高斯模糊）特效与"Fast Blur"（快速模糊）特效之间是有很大的区别的。从模糊的效果上看，同等模糊程度下相较于"Fast Blur"（快速模糊）特效的效果，"Gaussian Blur"（高斯模糊）特效的效果明显更加细腻；从模糊的效率上看，同等模糊程度下"Fast Blur"（快速模糊）特效的渲染速度远高于"Gaussian Blur"（高斯模糊）特效。"Gaussian Blur"（高斯模糊）特效与"Fast Blur"（快速模糊）特效最根本的区别在于，它们的核心算法是不同的。

提 示

　　所有颜色都不过是数字，各种模糊都不过是算法。把要模糊的像素色值进行统计，用数学上加权平均的计算方法（高斯函数）得到色值，对范围、半径等进行模糊，就是"Gaussian Blur"（高斯模糊）。
　　"Fast Blur"（快速模糊）采用一种相对简单的计算方法得到色值，对范围和半径等进行模糊。

在制作过程中，有时候需要在制作效果与制作质量之间进行权衡，也要考虑到时间成本，在合理的时间内制作出最优效果。

独立实践任务

任务2 制作"Fast Blur"转场效果

💻 任务背景

选择一处最想去的地方，收集相关资料和素材，为其剪辑制作一部形象宣传片。

💻 任务要求

按照剪辑思路首先设定故事板。

利用"Fast Blur"（快速模糊）特效制作转场效果，添加合适的音乐。

播出平台：多媒体
制式：PAL制式

💻 本任务掌握要点

技术要点："Fast Blur"（快速模糊）特效的应用
问题解决：素材收集与整部宣传片的影调把控
应用领域：影视后期
素材来源：自备

💻 任务分析

💻 主要操作步骤

一、单选题

1. "Fast Blur"（快速模糊）特效与"Gaussian Blur"（高斯模糊）特效的区别是（　　）
   A. "Fast Blur"（快速模糊）特效比"Gaussian Blur"（高斯模糊）特效效果好
   B. "Gaussian Blur"（高斯模糊）特效适合大面积应用
   C. "Fast Blur"（快速模糊）特效大面积应用，比"Gaussian Blur"（高斯模糊）特效的反应速度快
   D. 没有区别

2. 在Adobe Premiere Pro CS6中，在（　　）面板为视频素材添加视频特效。
   A. "Effects"（特效）
   B. "Effect Controls"（效果控制）
   C. "Project"（项目）
   D. "Sequence"（序列）

二、多选题

1. 在后期剪辑时，应该（　　），才能避免"跳轴"问题。
   A. 插入中性镜头　　　　　　　　B. 插入全景镜头
   C. 借助人物视线　　　　　　　　D. 插入特写镜头

2. 背景音乐的主要作用有（　　）。
   A. 抒发情感　　　　　　　　　　B. 渲染气氛
   C. 剧作功能　　　　　　　　　　D. 连贯作用

3. 就景别而言，镜头长度的选择应遵循（　　）原则。
   A. 全景镜头的画面停留时间要长一些
   B. 中景镜头的画面停留时间要稍短一些
   C. 特写镜头的画面停留时间要更短一些
   D. 镜头长度的选择与景别本身没多大关系

三、填空题

1. 借助人物视线的变化改变轴线方向，可_____"跳轴"现象；插入全景镜头后即使轴向有所变化，但观众视觉上的跳跃感不大，可_____"跳轴"现象。

2. 音画关系指的是影片中_____与_____结合的关系；一般分为音画同步和音画对位两种形式，其中，音画对位又包括_____和_____。

3. _____特效用于设置图像的模糊程度，与"Gaussian Blur"（高斯模糊）特效类似，但是在大面积应用时反应速度_____。

四、简答题

观赏纯美新西兰宣传片，分析背景音乐与镜头组接对该宣传片有哪些影响？

学习心得